T0131512

Emiliano Cristiani

Chiamalo x!

ovvero

Cosa fanno i matematici?

 Springer

ISBN 978-88-470-1090-1
e-ISBN 978-88-470-1091-8

Springer fa parte di Springer Science+Business Media
springer.com

Collana ideata e curata da: Marina Forlizzi

Redazione: Barbara Amorese
Impaginazione: le-tex publishing services oHG, Leipzig
Progetto grafico di copertina di Simona Colombo, Milano
Immagine di copertina: © Heide Benser/zefa/Corbis
Stampa: Grafiche Porpora, Segrate, Milano

Stampato in Italia
Springer-Verlag Italia S.r.l., via Decembrio 28, I-20137 Milano

*Everything should be made as simple as possible,
but not simpler.*

Albert Einstein

Prefazione
di Michele Emmer

Matematica, ma sul serio, bellezza!

C'è la tendenza ad esagerare grossolanamente le differenze tra i processi mentali dei matematici e quelli delle altre persone, ma non si può negare né che il talento per la matematica sia uno dei doni più specializzati né che nel loro insieme i matematici si distinguano in modo particolare per versatilità o abilità generali.

Così scriveva nel 1940 nell'autobiografia *Apologia di un matematico* Godfrey H. Hardy. Un altro famoso matematico, André Weil, ha scritto:

La matematica ha questa peculiarità: che chi non è matematico non la capisce.

Scriveva ancora Hardy:

Per un matematico di professione è un'esperienza melanconica mettersi a scrivere sulla matematica. La funzione del matematico è quella di fare qualcosa, di dimostrare nuovi teoremi e non di parlare di ciò che è stato fatto da altri matematici o da lui stesso. Non c'è disprezzo più profondo né tutto sommato più giustificato di quello che gli uomini *che fanno* provano verso gli uomini *che spiegano*. Esposizione, critica, valutazione sono attività per cervelli mediocri.

Insomma riassumendo: è una impresa disperata riuscire a parlare di matematica a quelli che matematici non sono e si corre anche il rischio di essere considerati delle menti mediocri se lo si fa. Con queste premesse, perché in questi ultimi anni si scrivono tanti libri che parlano di matematica, si realizzano film e spettacoli teatrali, si organizzano tanti incontri con i matematici? Non ci sono dubbi che sia subentrata una certa moda di parlare della matematica. Capita che centinaia di persone vadano a sentire un matematico tenere una conferenza, che non capiscano assolutamente nulla tranne i primi cinque minuti introduttivi, ma che siano comunque soddisfatti di aver partecipato a un *evento*, parola che andrebbe abolita. Ovviamente questo fenomeno non riguarda solo la matematica, che non è la sola materia ad avere il "privilegio" di non essere compresa dai non addetti ai lavori.

Parlare di matematica è un poco generico. Ci sono circa un centinaio di discipline che rientrano sotto la voce *Matematica*. Un matematico eccezionale è forse capace di padroneggiare quattro o cinque di queste discipline, capire qualcosa di un'altra decina, ma se gli capita di partecipare a un incontro di specialisti di una di quelle discipline di cui non si è mai occupato rischia di non capire nemmeno di cosa si stia parlando. Se poi si guarda ai film o ai libri recenti, ovviamente di matematica contemporanea se ne trova ben poca. Un esempio: il libro di Simon Singh, *L'ultimo teorema di Fermat*, tratto dal film omonimo che Singh aveva realizzato per la BBC un anno prima di scrivere il libro, che contiene tra l'altro i dialoghi dei matematici presenti nel film. Qualcuno dei lettori del libro, svariati milioni nel mondo, ha compreso la dimostrazione del teorema? Certamente no, non era nemmeno lo scopo di Singh farla capire. Erano le emozioni che comunicava Singh che interessavano i lettori, che avranno pure imparato qualche parola di matematica, come *curve ellittiche*, ma certo non volevano capire cosa fossero.

Alla fine di novembre del 2008 si è tenuto un incontro all'IN-DAM, l'Istituto Nazionale di Alta Matematica, per discutere se fosse possibile o meno convincere giornali, media e case editrici a parlare della matematica contemporanea. La conclusione più condivisa della riunione è stata che tutto sommato questo obiettivo non è facilmente raggiungibile e forse non è nemmeno utile provarci.

E allora perché scrivere da parte mia un'introduzione a un libro che vuole parlare di matematica, di matematica contemporanea, e farlo per un pubblico il più vasto possibile? L'idea di questo libro è certamente unica. Parlare di matematica contemporanea come se si stessero scrivendo dei racconti. Parlare dei linguaggi, dei problemi, dei metodi che si utilizzano nella matematica di oggi. Certo non per tutte le discipline in cui è divisa la matematica, ma per un numero significativo.

Si dice sempre che la matematica è un linguaggio (non sto affatto dicendo che la matematica sia solo questo, tutt'altro) riservato a pochi, incomprensibile. Tanti si ricordano come un incubo i simboli algebrici visti a scuola, simboli elementari di una matematica di centinaia di anni fa. Ebbene in questo libro vi è contenuto il "matematichese" e la traduzione nel linguaggio parlato, di tutti i giorni. E le pagine scritte in linguaggio matematico, se comprese almeno nelle grandi linee, diventano esse stesse un elemento importante e interessante del libro. Non si rinuncia a simboli, a teorie e a metodi matematici, ma li si integrano in quello che è a tutti gli effetti un *racconto*. Non soltanto sulla matematica, ma di matematica. Uno stile accattivante, divertente, che usa tutte le possibili gamme di espressioni per far nascere quell'interesse senza il quale non vi può essere attenzione e comprensione. Una lezione morale in fondo, perché non si prende in giro il lettore affermando che tutto è facile, che tutto è semplice, che bastano pochi attimi di attenzione e si capisce tutto (il contrario di come la scienza e la matematica vengono rappresentate nel mondo della cultura di oggi). Un tentativo di creare un nuovo linguaggio tra il "matematichese" e quello di tutti i giorni per far capire, con elementi precisi e non solo con chiacchiere, quel grande mondo in cui ha senso cercare di penetrare: il mondo affascinante della matematica.

Un libro che vuole aprire una porta per consentire di accedere sul serio a questo mondo. Un libro che anche solo per questo varrebbe la pena leggere. Che oltre a questo fa divertire e fa pensare, un libro eversivo di questi tempi.

Roma, gennaio 2009

Ringraziamenti

A Maurizio Falcone e a tutti i miei professori, che hanno trasformato uno studente in un matematico.

Agli amici matematici, che hanno trasformato un foglio bianco in un libro di matematica: Carlo Maria Zwölf, Annarita Di Noia, Daniele Graziani, Simone Cacace, Marco Pietrantuono, Andrea D'Ippolito, Anna Chiara Lai, Olivier Bokanowski, Giovanni Mastroleo, Francesco Rossi, Roberto Lagioia, Vincenzo Nesi, Adelaide "zia Lalla" Strizzi, Laura Mazzoli e in modo particolare Alessandro D'Andrea, senza il quale il capitolo sull'Algebra non avrebbe mai visto la luce.

Agli amici non matematici, che con i loro "qui non si capisce niente" hanno trasformato un libro di matematica in un libro divulgativo: Michela Petrocchi, Gabriella Strizzi, Christian Cotognini, Beatrice Petrucci, Fabio e Marina Cristiani, Valeria Madia, Quirino, Giacomo e Raffaella Malandrino.

A Michele Emmer, che ha trasformato la bozza di un libro in una proposta editoriale.

A Marina Forlizzi e Barbara Amorese, che hanno trasformato una proposta editoriale in un vero libro.

E infine a Erika Cotognini, che essendo una matematica, un'insegnante e mia moglie, ha collaborato alla stesura del libro in ogni forma conosciuta.

Indice

Chiamalo x!

Introduzione

*Ci vogliono dieci secondi per leggere una definizione,
ma a volte ci vogliono dieci anni per capirla.*

Prof. V. Nesi

Abbiamo cercato di spiegare ogni concetto in modo semplice,
senza per questo rinunciare al rigore scientifico imposto dall'argomento trattato.

Questa è la frase con cui inizia la maggior parte dei libri scientifici,
siano essi libri divulgativi o testi universitari. Ovviamente al loro
interno non c'è niente di semplice, e a volte quello che c'è non è
neanche spiegato nel modo più semplice possibile.

Chiamalo x! è forse il primo libro di divulgazione scientifica in
cui questa premessa viene meno, rinunciando a ogni pretesa di
rigore scientifico. È questo, a mio avviso, il prezzo da pagare per
far entrare l'uomo comune nell'incantato mondo dell'*Alta Matematica*.

Il motivo di questa scelta è semplice. Pensate per esempio a
un chirurgo che sta per entrare in sala operatoria. A un collega
dirà che sta per fare "un bypass di un aneurisma aortico" ma al
paziente dirà che ha un rigonfiamento di un'arteria che deve essere eliminato con un tubicino. Sicuramente la seconda spiegazione è meno precisa della prima ma ha il considerevole pregio
di essere compresa da chi si deve sottoporre all'intervento. Considerate ancora un ingegnere, alle prese con complicatissime equazioni. Alla domanda "che cosa stai facendo?" potrà rispondere con
un semplice "sto progettando un ricevitore radio capace di intercettare segnali debolissimi". Questa risposta è decisamente sufficiente per placare la curiosità della maggior parte delle persone,
anche se è ben lontana dallo spiegare nel dettaglio il problema
dell'ingegnere.

Ora provate con un matematico:

- Che cosa stai facendo?

- Sto cercando di dimostrare che questo funzionale Γ-converge a un funzionale limite che devo minimizzare su un opportuno spazio di funzioni.

- Ahhh... E cioè?

- Cioè sto cercando di dimostrare che questo coso qui – indica una formula gigantesca – se scelgo questo ε molto piccolo, ha un comportamento simile (in un senso da precisare) a quest'altro coso qui – indica gesticolando – che è la cosa che sto studiando.

- Ahhh... Ora ho capito... Vabbè, ti lascio al tuo studio...

Inutile stare a spiegare la frustrazione che segue la conversazione. Il matematico, pur avendo fatto del suo meglio, si rende conto di parlare una lingua incomprensibile. Sa che essere più specifico non aumenta la comprensibilità della risposta, ma dire di meno non soddisfa l'interlocutore. Rinunciare al discorso *in toto*, con una frase del tipo "lascia stare non capiresti" darebbe l'impressione di superiorità. Non può far altro che tirare un sospiro e tornare al suo problema, rituffandosi nell'isolamento. Di contro, l'incauto curioso può sentirsi:

1. inferiore (risposta tipica: "Io non ci ho mai capito niente di matematica");

2. offeso (risposta tipica: "Pensi che io sia così stupido da non capire?");

3. arrabbiato (risposta tipica: "Voi matematici non sapete spiegare le cose in modo semplice, amate complicarvi la vita").

La difficoltà di comunicazione nasce dal fatto che "spiegare matematica" equivale a "fare matematica", cioè non si può spiegare la matematica senza usare i concetti che costituiscono la matematica stessa. Problema filosofico, questo, ben noto agli studenti di matematica che devono compilare il proprio piano di studi. Infatti, dopo aver superato i primi esami comuni a ogni indirizzo, essi devono scegliere i rimanenti corsi in base agli incomprensibili programmi forniti dai docenti, che recitano frasi del tipo:

Algebre e gruppi di Lie, teoria delle rappresentazioni, algebre di Banach e C*-algebre commutative, coppie di Gelfand, spazi di Hilbert, operatori autoaggiunti, processo di Wiener, varietà proiettive ed ideali omogenei, nozioni generali dei k-insiemi di tipo $(m, n)_1$ di un piano proiettivo di ordine q, invarianza omotopica, programmazione dinamica ed equazioni di Bellman, sintesi di controlli ottimi in forma feedback, omologia simpliciale, omotopia, fibrazioni e cofibrazioni, H-spazi. Senza dimenticare ovviamente anche il cobordismo ed i gruppi formali.

Inutile dire che tutte queste nozioni saranno appena comprensibili allo studente solo *dopo* aver seguito il corso e saranno chiare solo *dopo* aver superato l'esame.

Altro aspetto interessante è l'esistenza di un'attività di ricerca in matematica. Tutti sanno cosa vuol dire studiare matematica, ma quasi nessuno contempla la possibilità che ci siano cose nuove da scoprire. La figura del ricercatore in matematica non è solo incompresa ai più, ma è in generale considerata impossibile. Quando dichiaro di passare le mie giornate a fare ricerca in matematica, la replica più frequente non è "Cosa ricerchi?" ma è "Cosa vuol dire fare ricerca in matematica?". Domanda alla quale ho sempre difficoltà a rispondere. Penso che le ragioni di questo vadano ricercate nella scuola, dove la matematica viene insegnata *tout court*, senza alcun riferimento spazio-temporale, senza procedere per prove ed errori, senza mai accennare ai problemi aperti, come se tutto fosse già stato scoperto. Il resto lo fa l'oggettiva difficoltà della materia, che mal si presta ad approfondimenti ("È già tanto se sono stato promosso"). Nelle persone si radica così la convinzione che la matematica sia qualcosa di naturale, preesistente all'uomo, immutabile. E inutile.

Il programma di matematica del liceo scientifico copre una parte delle conoscenze matematiche fino al 1700, mentre in altri tipi di scuole va ancor peggio, fermandosi anche al 1500; è come se il programma di storia si fermasse alla scoperta dell'America e quello di letteratura a Ludovico Ariosto. Di conseguenza, la maggior parte delle persone associa alla parola "matematica" nozioni piuttosto datate. Negli ultimi secoli, all'insaputa della maggior parte delle persone, migliaia di matematici hanno inventato, scoperto e studiato nuovi concetti e nuovi strumenti sui quali si fonda la matematica moderna. Se avrete la pazienza di accompagnarmi fino alla fine del libro scopriremo cosa hanno fatto tutti questi matematici, cosa hanno in comune e qual è il loro modo di vedere il mondo.

Prima di concludere l'introduzione vorrei sfatare due grandi miti. Il primo è certamente il più radicato tra tutti quelli riguardanti la matematica:

la matematica è la scienza che studia i numeri.

La matematica NON è la scienza che studia i numeri. Il 99% dei matematici moderni non passa il suo tempo a cercare le proprietà dei numeri o elencare tutti i numeri primi o cercare tutte le cifre di π. Se prendete un foglio a caso scritto da un matematico, solo nel 60% dei casi troverete un numero, e nel 99% di questi il numero sarà 0 o 1.

Mi sono reso conto di quanto fosse radicato questo mito andando un giorno dallo sfasciacarrozze. La signorina alla cassa, dopo aver saputo che ero un laureando in matematica, ha voluto vedere quello che facevo. Io gentilmente le ho mostrato una pagina della mia tesi. Lei l'ha guardata per qualche secondo e ha poi esclamato sbalordita: "Quanti numeri!". Io, un po' perplesso, ho ripreso la tesi e ho guardato la pagina che le avevo mostrato. Non c'era neanche un numero.

Il secondo mito è che:

le formule complicano la vita.

Le formule NON complicano la vita. Il simbolismo matematico rende compatta la scrittura, una formula lunga una riga potrebbe riempire anche una pagina intera se tradotta a parole e ciò renderebbe impossibile seguire il filo logico del discorso. Inoltre, i simboli matematici non hanno sfumature di significato e non lasciano mai spazio all'interpretazione. È sempre possibile capire se una frase ha senso oppure no, se è vera oppure no. Insomma, tutto è strutturato affinché sia impossibile *fraintendere* il senso di un testo matematico. Infine, i simboli matematici sono usati in tutto il mondo con lo stesso significato, creando così una vera e propria lingua universale.

In questo libro tentiamo l'impossibile. Raccontare cosa fa un matematico moderno senza fare matematica. Spiegare cos'è l'analisi funzionale o la geometria differenziale senza fare analisi funzionale o geometria differenziale. Come dicevo, il prezzo da pagare è la rinuncia al rigore scientifico. La parola "rigore", in matematica, ha un significato ben preciso: significa, tra le altre cose, che non si può introdurre un nuovo concetto se non sono già stati precedentemente spiegati tutti i concetti propedeutici a quello da introdurre. Di conseguenza, un libro che parli di alta matematica e che sia allo stesso tempo rigoroso non potrà essere altro che un libro che fa matematica. Noi invece salteremo tutti i concetti base per arrivare direttamente in alto. Gli argomenti saranno trattati superficialmente e – ne siamo certi – i puristi storceranno il naso. Ma tutti gli altri sapranno *cosa fanno i matematici*.

La matematica moderna

La matematica moderna si divide in sette grandi aree:

1. Analisi matematica (non è l'analisi di dati).

2. Geometria (non è lo studio delle figure geometriche).

3. Algebra (non è lo studio delle equazioni).

4. Analisi numerica (non è l'analisi dei numeri).

5. Calcolo delle probabilità (non è la previsione del futuro).

6. Fisica matematica (non è Fisica).

7. Logica matematica (sì, questa è Logica! Come è logico...).

Storia della matematica e Didattica della matematica vengono generalmente aggiunte come ottava e nona area di specializzazione, mentre Statistica è una scienza a sé, così come lo è Fisica. Le sette aree che ho elencato si dividono a loro in volta in numerose sotto-aree. Dal 1991 è in vigore in tutto il mondo la *Mathematics Subject Classification*, che è un insieme di codici universalmente accettati per la catalogazione degli articoli scientifici di area matematica. Oggi essa consiste di sessantacinque codici di primo livello che rappresentano altrettante aree di specializzazione. Ognuna di queste aree si divide ancora in sotto-aree e sotto-sotto-aree per un totale di più di cinquemila diverse specializzazioni.

Il campo di ricerca di un matematico di media capacità è ristretto a una o due sotto-aree. Per esempio, il cosiddetto "iperbolista" non è un tizio che esagera sempre nel raccontare le cose, ma è un matematico che ha completato il seguente percorso di specializzazione:

Matematica → Analisi matematica → Equazioni differenziali → Equazioni a derivate parziali → Equazioni iperboliche.

Lo stile

In matematica è vietato perdersi in chiacchiere. Lo stile è asciutto, sintetico, pulito. Si dice quello che si ha da dire nella maniera più semplice possibile, si mette un punto alla fine della frase e si passa alla frase successiva.

La seconda caratteristica dello stile matematico è la densità. Non ci sono giri di parole, non ci sono ripetizioni, non ci sono pause. Di conseguenza, un libro di matematica non si può leggere come un romanzo, con il livello di attenzione che sale e scende in continuazione. L'attenzione deve essere sempre alta, ogni parola va letta, pensata, capita e digerita. Dopo ogni frase bisogna fermarsi e chiedersi: "Ho capito?", "Cosa ho capito?". E se non la si è capita, bisogna necessariamente tornare indietro e rileggerla. Una, due, tre, anche dieci volte se è necessario. Se proprio non si riesce a capire il senso di quello che si legge si può anche andare avanti, ma con la tacita promessa di ritornare al punto oscuro in un secondo momento, con la speranza di avere qualche elemento in più per capire.

A volte gli studenti stimano la difficoltà degli esami universitari dal numero di pagine da studiare. Inutile dire che in matematica questo criterio non vale; un libro di cinquanta pagine può essere un ostacolo insormontabile se si tratta delle teorie di Gödel o di Einstein.

La grammatica

Anche la matematica ha una sua grammatica. L'uso del simbolismo segue delle regole ben precise e molto rigide; non sono ammessi errori, variazioni, personalismi.

I simboli matematici si dividono in due gruppi: i simboli del primo gruppo hanno un significato universale (sacro, oserei dire) ed è vietato ridefinirli o usarli in modo atipico. Questi simboli sono gli stessi da secoli e sono usati in ogni parte del mondo; s'imparano durante la scuola superiore e i primi due anni delle facoltà scientifiche, e la faccia che si fa guardandoli segna il confine tra l'umanista e lo scienziato. I matematici apprezzano molto anche il lato estetico dei simboli e possono essere infastiditi da una modifica del carattere tipografico.

I simboli del secondo gruppo invece possono assumere significati diversi a seconda del contesto, e ogni matematico ne ha una certa libertà di utilizzo. Per esempio, il simbolo a può indicare: la lettera "a", un numero, una legge che lega due numeri, un insieme di numeri, ecc.

Infine, c'è una regola non scritta che dice che è vietato cambiare le notazioni usate da un altro matematico se non c'è un valido motivo per farlo. Questo fa sì che decine (se non centinaia) di articoli scientifici condividano lo stesso modo di indicare alcuni enti matematici. Il risultato?

Matematico 1: Hai riflettuto su quell'a?

Non matematico: A che?

Matematico 2: Si, ci ho pensato molto. Secondo me è $C^{1,k}$, ma affinché essa sia ben definita si deve aggiungere l'ipotesi che μ sia data in forma integrale e che...

La fonetica

E ora vediamo come si leggono alcuni simboli matematici.

$\forall$	per ogni
$\exists$	esiste
$\int_a^b$	integrale tra a e b i di
$\oint$	integrale circolare
$\dot{y}$	ipsilon punto
$\ddot{y}$	ipsilon due punti
y'	ipsilon primo
y''	ipsilon secondo
$\in$	appartiene
$:=$	uguale per definizione
$f(x)$	effe di ics
$f(y(t), a(t))$	effe di (pausa) ipsilon di ti a di ti
$\mathbb{R}$	erre
$\mathbb{R}^n$	erre enne

$\max\limits_{a \in A}$	massimo su a in a grande
$\min\limits_{i=1...n}$	minimo sugli i che vanno da uno a enne
$\lim\limits_{n \to +\infty}$	limite per enne che tende a più infinito
∇	gradiente di
$\triangle$	laplaciano di o delta (a seconda del contesto)
$a(\cdot)$	a
$a \cdot b$	a scalar bi
$\langle a, b \rangle$	a scalar bi
∂	frontiera di
$\backslash$	meno, privato di
$\dfrac{d}{dt}$	derivata rispetto a ti di
$\dfrac{\partial}{\partial t}$	derivata parziale rispetto a ti di
a^*	a stella
a_*	a sottostella
$\tilde{a}$	a tilde
$\bar{a}$	a barra o a chiuso (a seconda del contesto)
$\hat{a}$	a cappuccio
$|a|$	modulo di a o cardinalità di a
$\|a\|_p$	norma pi di a
$\equiv$	modulo o costantemente uguale a (a seconda del contesto)
$\sum\limits_{n=1}^{q}$	sommatoria per enne che va da 1 a qu
$n!$	enne fattoriale
$\prod\limits_{x<1}$	produttoria sugli ics minori di 1
$\cup$	unione
$\cap$	intersezione
$\subset$	contenuto
$\supset$	contenente
$\propto$	proporzionale
$\sim$	asintotico
$\approx$	circa uguale
$\|$	parallelo
$\perp$	ortogonale
$\oplus$	somma diretta
$\emptyset$	insieme vuoto
$\neg$	not
$\wedge$	and

$\vee$	or
$\lfloor a \rfloor$	parte intera inferiore di a
$\lceil a \rceil$	parte intera superiore di a
$\Rightarrow$	implica che
$\Leftrightarrow$	se e solo se
$\rightarrow$	converge a
$\rightharpoonup$	converge debolmente a

Del simbolismo matematico fanno parte anche tutte le lettere dell'alfabeto greco. Di solito esse sono oggetto della prima lezione del corso di laurea in matematica. Ecco un elenco delle lettere diverse da quelle dell'alfabeto latino.

α	alfa
β	beta
γ, Γ	gamma
δ, Δ	delta
ε	epsilon
ζ	zeta
η	eta
θ, Θ	theta
ι	iota
κ	kappa
λ, Λ	lambda
μ	mu (mai usata la variante "mi")
ν	nu (mai usata la variante "ni")
ξ, Ξ	xi
π, Π	pi greco
ρ	rho
σ, Σ	sigma
τ	tau
Υ	ipsilon
ϕ, Φ	phi
χ	chi
ψ, Ψ	psi
ω, Ω	omega

Non sazi, i matematici hanno preso in prestito anche la prima lettera dell'alfabeto ebraico:

$\aleph$	aleph

Per la cronaca, $\aleph_0$ (aleph zero) indica quanti sono i numeri naturali 1, 2, 3, ... (ai matematici non basta dire che sono infiniti, a loro piace distinguere tra vari tipi di infinito). $\aleph_1$, invece, indica un'infinità "più infinita" di $\aleph_0$, ma per adesso mi fermo qui, d'altronde siamo solo al capitolo 1.

Qualche esempio:

$$\dot{y}(x, s) = \int_\alpha^x f(t, s)dt, \quad (x, s) \in \overline{\Omega}$$

ipsilon punto di ics esse uguale integrale tra alfa e ics di effe di ti esse in de ti, ics esse in omega chiuso.

$$\max_{a \in B(0,1)} \{a \cdot \nabla u\} = |\nabla u|$$

massimo su a in bi zero uno di a scalar gradiente di u uguale a modulo del gradiente di u.

$$\|f\|_S^2 = \sum_{k=0}^{+\infty} f_k^2$$

norma esse di effe al quadrato uguale a somme per kappa che va da zero a più infinito di effe kappa al quadrato.

$$\arctan x = x - \frac{x^3}{3} + \frac{x^5}{5} + \dots + (-1)^n \frac{x^{2n+1}}{2n + 1} + \dots$$

arcotangente di ics uguale a ics meno ics alla terza su tre più ics alla quinta su cinque più (pausa) più meno uno alla enne ics alla due enne più uno fratto due enne più uno più ... *non è una canzoncina!* È solo lo sviluppo in serie di Taylor dell'arcotangente, qualsiasi cosa questo significhi...

Scrivere la matematica

Come si fa a scrivere le formule matematiche al computer? Si potrebbe lasciare la questione in mano agli editori, con buona pace del resto del mondo. Tanto ai matematici si sa, per essere felici basta un foglio di carta e una penna. Ma la matematica è una scienza (la regina delle scienze, si dice), e in quanto tale vive grazie agli scambi di idee tra gli scienziati. C'è quindi l'esigenza di scambiarsi testi matematici in modo semplice e soprattutto universale. Lo studente di oggi, poi, vuole scrivere la sua tesi di laurea sul cellulare mentre va in autobus all'università...

Il TEX (leggi tek e non tex) è stato introdotto verso la metà degli anni '80 per scrivere testi matematici al computer. Esso definisce delle regole per tradurre ogni tipo di formula in un testo composto solamente da normali caratteri. Il testo così scritto può essere letto e modificato con qualsiasi editor di testo, su qualsiasi sistema operativo (Windows, Linux, Mac, ecc.). Può inoltre essere spedito per e-mail come un normale messaggio.

Per scrivere $\frac{a+b}{c}$ in TEX, per esempio, si scrive `\frac{a+b}{c}`. La parola `\frac` sta ovviamente per frazione, e le due parentesi graffe racchiudono rispettivamente ciò che sta sopra e ciò che sta sotto la linea di frazione. La grandezza dei caratteri viene scelta in maniera automatica dal computer. Scrivendo `a^b`, per esempio, il risultato sarà a^b, con la lettera b più piccola della lettera a.

Le possibilità del TEX sono praticamente infinite, ecco un piccolo esempio delle sue capacità:

$$\left(\frac{\sqrt[n]{\beta + \frac{1}{|a|}}}{\int_a^b f(s)\,ds} \right)^{\frac{x+y}{z}}$$

o, in altre parole,

```
\left(\frac{\root n \of {\beta+\frac{1}{|a|}}}
{\int_a^b f(s) \textrm{d} s}
\right)^{\frac{x+y}{z}}.
```

Si narra che una volta si scrivesse a macchina lasciando degli spazi bianchi al posto delle formule, per poi aggiungerle a mano; ma la cosa sembra troppo assurda per essere vera...

Avvertenza

Questo libro è scritto in due lingue: italiano e "matematichese". Le due versioni si alternano permettendo un immediato confronto. Se alcune parti del testo originale non trovano un parallelo nella versione tradotta è perché sono semplicemente chiacchiere, e le chiacchiere non sono traducibili in linguaggio matematico!

Ovviamente la traduzione in lingua matematica può essere completamente trascurata dal lettore non esperto.

2

Problemi di controllo ottimo

Un problema di controllo ottimo è quasi quello che vi aspettate. Un brutto giorno, in un grande parco popolato da una enorme varietà di animali, viene introdotto un animale estraneo all'ecosistema. Trovando pochi predatori, esso comincia a riprodursi in maniera eccessiva, togliendo risorse agli altri animali e minacciando così la vita dell'intero parco. Alcuni uomini volenterosi sono chiamati a risolvere il problema, per ripristinare l'equilibrio delle prede e dei predatori nel parco nel più breve tempo possibile. Per farlo, essi possono uccidere alcuni animali, nutrirne degli altri, ma anche introdurre dei nuovi predatori dell'animale estraneo, in modo che esso riduca la sua capacità riproduttiva in maniera "naturale". L'operazione è ovviamente delicata, perché tutte le specie sono legate tra loro. Ognuna è preda o predatrice delle altre, e tutte si spartiscono le stesse risorse del territorio. Agire su una specie significa inevitabilmente influenzare tutte le altre, in maniera spesso difficilmente prevedibile. La sequenza ottimale delle azioni da compiere quindi non è facile da calcolare, è piuttosto il risultato di un delicato equilibrio tra le leggi naturali che regolano l'ecosistema e la capacità che hanno gli uomini di metterle sotto il proprio controllo.

(1) Il matematico, chiuso al sicuro nel suo studio, si accinge a scrivere il problema su un foglio di carta. Il suo primo obiettivo è

cogliere l'essenza del problema. Il tipo di animali, il loro numero, la velocità di riproduzione, la capacità di predazione, la quantità di cibo che si può introdurre nell'ambiente e tutto ciò che sembra fondamentale nella descrizione del problema, sparisce. Il problema viene immediatamente riformulato come segue:

> C'è qualcosa che varia. La variazione di questo qualcosa è in parte controllato da qualcuno e in parte deve sottostare a certe regole. Si vuole che questo qualcosa evolva in un certo modo e si vuole sapere qual è la strategia ottimale affinché questo accada.

Volevate risolvere un problema riguardante la fauna di un parco, e vi ritrovate tra le mani qualcosa che vi dice come accendere un reattore nucleare, stabilizzare l'orbita di un satellite artificiale attorno alla Terra, far piovere, centrare un bersaglio con un missile, trovare la strada più breve tra casa e ufficio, diminuire l'inquinamento nelle città, ripopolare la fauna marina, far atterrare un aereo, far parcheggiare una macchina da sola. Tutto questo nello stesso problema. I matematici trovano tutto ciò che hanno in comune questi problemi, danno loro un nome, e poi ci lavorano sopra. I nomi, come si sa, non sono mai molto originali. Y, per il numero degli animali, potrebbe sembrare poco divertente, ma ha il pregio di essere estremamente conciso (difficile esserlo di più, no?). Anche comprimere tutte le interazioni tra gli animali e le loro capacità riproduttive nella lettera f potrebbe risultare un po' sorprendente se non si ha una laurea in matematica. Gli interventi umani, invece, quali la protezione di una specie particolare o l'introduzione di nuovi predatori, sono chiamati $a_1, a_2, \ldots$, che essendo una scrittura decisamente prolissa, viene poi condensata nella lettera a. E l'obiettivo finale da raggiungere, cioè l'ecosistema in equilibrio? $\mathcal{T}$, ovviamente.

(1) Sia A un compatto di $\mathbb{R}^p$. Sia dato il seguente sistema dinamico controllato

$$\begin{cases} \dot{y}(t) = f(y(t), a(t)), & t > 0 \\ y(0) = x \end{cases}$$

dove $f : \mathbb{R}^n \times A \to \mathbb{R}^n, x \in \mathbb{R}^n, y : [0, +\infty) \to \mathbb{R}^n$ e
$$a(\cdot) \in \mathcal{A} := \{a : [0, +\infty) \to A, a \text{ misurabile}\}.$$

La funzione *a* è detta *controllo*.
Sia *f* continua nelle due variabili e lipschitziana rispetto a *y*.
Indichiamo la soluzione del sistema con $y_x(t; a(\cdot))$.
Sia $\mathcal{T} \subset \mathbb{R}^n$ l'insieme *target*, corrispondente allo stato che il sistema deve raggiungere partendo da *x* in tempo minimo. Definiamo

$$t_x(a(\cdot)) := \min\{t > 0 : y_x(t; a(\cdot)) \in \mathcal{T}\}$$

e poniamo $t_x(a(\cdot)) = +\infty$ se la traiettoria non incontra mai il target. Definiamo la funzione valore *T* nel seguente modo

$$T(x) := \min_{a(\cdot) \in \mathcal{A}} t_x(a(\cdot)) .$$

Non c'è alcun bisogno di dare nomi più lunghi o più "parlanti", anzi sarebbe una perdita di tempo. Il matematico ama ragionare per concetti piuttosto che per frasi, per velocizzare i ragionamenti e evidenziarne i punti essenziali. Non si sofferma a discutere su chi mangia chi, su quale sia il cibo migliore da dare a un certo animale o su quale sia il predatore più efficiente. Più semplicemente, *a* = 0 vuol dire non agire sul sistema, *a* = 1 vuol dire agire sul sistema. Il concetto è espresso in modo pulito, conciso, preciso. Poco realistico direbbero molti, *ideale* dicono i matematici.

Una volta scritto il problema, tutti gli oggetti, i calcoli e la soluzione finale rimangono sempre a un livello astratto, simbolico, concettuale. Si può stare giorni, mesi o anni immersi nel problema astratto senza mai mettere il naso fuori per vedere che succede nel mondo reale e ricordarsi che *y* era il numero di animali nel parco. Come un bambino che crea un amico immaginario e ci gioca insieme, il matematico gioca con i concetti da lui introdotti dando loro un nome, un carattere, un'anima.

(2) Il passo successivo è la caccia alle proprietà. Cercare tutto ciò che è "vero" riguardo gli enti matematici del problema in questione. La massima felicità sta nello scoprire relazioni inaspettate tra di essi, cioè proprietà insite nella loro definizione ma non immediatamente evidenti. Ovviamente, il fatto che siano vere non implica che esse siano utili, o che abbiano un significato se riportate nel mondo reale. Altre proprietà invece, oltre a essere vere,

trasformano il problema in qualcosa di più familiare e facile da risolvere. Negli anni '50 un matematico americano di nome R.E. Bellman ha fatto una scoperta allo stesso tempo banale e geniale. Se per andare da Napoli a Bologna la strada più breve passa per Roma e Firenze, allora la strada più breve tra Napoli e Firenze passerà anch'essa per Roma. Banale, perché lo sanno tutti, ma geniale perché la sua formulazione in termini matematici ne rende evidenti le enormi potenzialità. Da questo semplice principio possiamo ricavare delle informazioni importanti sul tempo minimo necessario a riportare l'ecosistema in equilibrio.

(2) Si ha

$$T(x) = \inf_{a(\cdot) \in \mathcal{A}} \{t + T(y_x(t; a(\cdot)))\}$$

da cui si dimostra che T è soluzione in senso di viscosità di

$$\begin{cases} \max_{a \in A}\{-f(x, a) \cdot \nabla T(x)\} = 1, & x \in \mathbb{R}^n \setminus \mathcal{T} \\ T(x) = 0, & x \in \partial \mathcal{T}. \end{cases}$$

Sembra però che sapere solamente quale sia il tempo necessario a ripristinare l'equilibrio dell'ecosistema non aiuti a risolvere veramente il problema, cioè a sapere come bisogna interagire con l'ecosistema per riportarlo effettivamente in equilibrio. Ma in matematica anche le cose apparentemente più scollegate possono rivelarsi non essere altro che $n \geq 2$ facce delle stessa medaglia.

(3) Infatti, si scopre senza troppa fatica che dalla sola conoscenza del tempo minimo necessario al raggiungimento del nostro obiettivo si può risalire proprio alla sequenza ottimale delle azioni da compiere, e risolvere così il problema.

Ed ecco che su qualche rivista specializzata appare un nuovo teorema. Al suo interno, si trova una formula per calcolare la strategia ottimale da utilizzare nel controllare il *qualcosa*. Il suo nome? a^*, naturalmente. La sua potenza va anche al di là di quello che ci si era effettivamente prefissati. Non è solo la sequenza ottimale di azioni da compiere per ripristinare l'equilibrio nell'ecosistema in tempo minimo, è piuttosto una guida. Voi gli dite qual è la situazione nel parco, e a^* vi dice cosa fare:

- Ci sono 36 camosci affamati, cosa devo fare?
- Sfamane 23.

E la risposta è giusta anche se durante l'intervento nel parco è successo qualcosa di inaspettato, come per esempio una valanga che ha ucciso degli animali e che non era stata prevista nel modello matematico iniziale. Potenza della matematica, e del saper guardare dentro le cose.

---

(3) Definendo

$$a_*(x) = \arg\max_{a \in A}\{-f(x, a) \cdot \nabla T(x)\}$$

si ha che il controllo ottimo in forma *feedback* è dato da

$$a^*(\cdot) = a_*(y^*(\cdot))$$

dove y^* è soluzione di

$$\begin{cases} \dot{y}^*(t) = f(y^*(t), a_*(y^*(t))), & t > 0 \\ y^*(0) = x. \end{cases}$$

---

(4) Gli ingegneri, si sa, sono persone un po' più pratiche dei matematici, e difficilmente riconoscono l'eleganza sopraffina del metodo di Bellman per trovare la sequenza ottimale degli interventi per ripopolare un parco. Essi infatti preferiscono un altro metodo, più rozzo ma comunque efficace.

Consideriamo una sequenza di azioni qualsiasi, per esempio la sequenza più semplice che si possa immaginare: non fare nulla. Risolvendo le equazioni che modellizzano l'evoluzione degli animali del parco, calcoliamo il loro numero da qui a un anno. Ovviamente, esso non sarà il numero desiderato. Fatto ciò, modifichiamo di poco la strategia, ad esempio introducendo un piccolo numero di predatori della specie in soprannumero e calcoliamo nuovamente il numero di animali da qui a un anno. Se ci siamo allontanati dall'obiettivo, buttiamo via la modifica della sequenza. Se invece ci siamo avvicinati, continuiamo su quella strada e introduciamo un numero un po' più grande di predatori. Con un po' di pazienza possiamo iterare il procedimento un gran numero di volte, finché non troviamo una sequenza di azioni non più migliorabile.

La procedura – bisogna confessarlo – ogni tanto s'inceppa. Una sequenza di azioni è infatti considerata "non più migliorabile" quando ogni sua variazione peggiora il risultato ottenuto. Purtroppo ciò non vuol dire che abbiamo trovato la sequenza veramente ottimale tra tutte quelle possibili. E non trovare la sequenza ottimale è un evento terribilmente nefasto per il matematico, dal quale egli esce scosso nel profondo. In compenso, ne trae un importante insegnamento: dentro ogni problema ce n'è uno più grande che spinge per uscire fuori. E che bisogna risolvere.

---

(4) Sia $\mathcal{A} = \{a : [t_0, t_f] \to \mathbb{R}^p\}$ lo spazio dei controlli. Supponiamo per semplicità $p = 1$. Sia $J : \mathcal{A} \to \mathbb{R}$ un funzionale da minimizzare. Fissiamo m punti

$$t_0 = s_1 \leq s_2 \leq \ldots \leq s_m = t_f .$$

Siano $a_1, \ldots, a_m$ gli m valori di un generico controllo a corrispondenti ai punti s_i, cioè tali che $a(s_i) = a_i$.

Sia $\mathbb{I} : \mathbb{R}^m \to \mathcal{A}$ una funzione di interpolazione che associa a ogni m-pla $(a_1, \ldots, a_m)$ un controllo $\mathbb{I}[a_1, \ldots, a_m] \in \mathcal{A}$ tale che $\mathbb{I}[a_1, \ldots, a_m](s_i) = a_i$ per ogni $i = 1, \ldots, m$.

La funzione $\tilde{J} : \mathbb{R}^m \to \mathbb{R}$, definita da $\tilde{J}(a_1, \ldots, a_m) := J(\mathbb{I}[a_1, \ldots, a_m])$, si dice versione discreta di J.

Sia $b^{(0)} \in \mathbb{R}^m$ qualsiasi e $h > 0$ sufficientemente piccolo. Applicando il metodo del gradiente, si ha che la successione

$$b^{(k+1)} = b^{(k)} - h\widetilde{\nabla J}(b^{(k)}), \quad k = 0, 1, \ldots$$

converge al controllo discreto che realizza un minimo (locale) di $\tilde{J}$. Non c'è però garanzia di convergere verso un minimo globale del funzionale, neanche per $m \to +\infty$.

3

Spazi a più dimensioni

(1) Il matematico ama lavorare in spazi a più dimensioni perché ama avere l'aria di chi vive sulle nuvole. Il neofita, finito per caso dentro una discussione tra matematici, ha le sue belle difficoltà a sintonizzarsi sulla stessa lunghezza d'onda dei suoi interlocutori e spesso si sente rispondere: "Ma non stai ragionando n-dimensionalmente!". Quasi si sente in colpa, il neofita, a non saper guardare il mondo dalla settima dimensione. I matematici sono anche esperti a disegnare in più dimensioni, senza troppo infastidirsi per la limitazione di avere lavagne (evidentemente) bidimensionali. Le persone restano shockate e frustrate di fronte alla naturalezza con la quale i matematici discutono di traiettorie in spazi a 10 o infinite dimensioni, sentendosi lontane anni luce dalla possibilità di capire soltanto una parola di quei discorsi. Allo stesso tempo, il matematico assapora la potenza dei suoi ragionamenti e si rende conto che senza poter ricorrere agli spazi multidimensionali gli sarebbe impossibile lanciarsi nella risoluzione di problemi complessi e la sua vita sarebbe più vuota.

(1) Sia $x \in \mathbb{R}^n$.

(2) Cos'è la dimensione di uno spazio? Per capire, abbandoniamo il mondo astratto del matematico e torniamo sul nostro mondo.

Per indicare un punto sulla superficie terrestre servono *due* parametri: latitudine e longitudine. Se usassimo solo un parametro, non avremmo abbastanza informazioni per localizzare correttamente il punto. Di contro, se ne usassimo tre o più, ne avremmo troppi e avremmo fatto una fatica inutile. Quindi *due* è il numero di parametri ottimale. Questa semplice osservazione ci regala la dimensione della superficie terrestre, cioè *due*. Diversamente, per indicare la posizione di un aereo, servono tre parametri: latitudine, longitudine e altezza sul livello del mare. Di conseguenza, il mondo in cui viviamo ha tre dimensioni. Siete nati all'ultimo piano dell'ospedale "San Giacomo"? Allora, per specificare con esattezza l'evento della vostra nascita abbiamo bisogno di quattro parametri: latitudine, longitudine, altezza sul livello del mare e data. Ciò significa che viviamo in uno spazio a quattro dimensioni.

(2) Sia V uno spazio vettoriale su $\mathbb{R}$ e sia $\mathcal{B}_V = \{\mathbf{v}_1, \ldots, \mathbf{v}_n\} \subset V$ un suo sottoinsieme. $\mathcal{B}_V$ è una *base* di V se

$$\forall \mathbf{w} \in V \quad \exists \alpha_1, \ldots, \alpha_n \in \mathbb{R} \quad \text{tali che} \quad \mathbf{w} = \sum_{i=1}^{n} \alpha_i \mathbf{v}_i \quad \text{e}$$

$$\sum_{i=1}^{n} \alpha_i \mathbf{v}_i = \mathbf{0}_V \Leftrightarrow \alpha_i = 0 \quad \forall i = 1, \ldots, n.$$

Se $\mathcal{B}_V$ è una base di V allora la cardinalità di $\mathcal{B}_V$ è detta *dimensione* di V.

(3) Ora che sappiamo cos'è la dimensione, dobbiamo capire come metterla al nostro servizio.

Tizio, Caio e Sempronio sono al lato di un tavolo dove è in corso un esperimento scientifico. Due palline cariche elettricamente vengono lanciate una contro l'altra. Le due palline hanno entrambe carica positiva, di conseguenza esse si respingono con una forza che dipende dalla loro distanza reciproca. Tizio è un uomo nato prima di Galileo, di conseguenza si esprime così:

Due palline corrono su un tavolo.

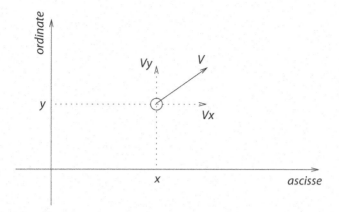

Fig. 3.1. Una pallina che si muove su un piano

Caio invece, è nato dopo Galileo e inoltre – cosa che non guasta – ha anche studiato un po' di fisica. Egli dice:

> Due oggetti si muovono in uno spazio bidimensionale. Il numero di parametri necessario a descrivere completamente il moto delle due palline è *otto*. Infatti, per ciascuna pallina c'è bisogno della posizione rispetto all'asse delle ascisse e rispetto all'asse delle ordinate e la velocità rispetto all'asse delle ascisse e rispetto all'asse delle ordinate (vedi Fig. 3.1 per lo schema di una sola pallina).

Sempronio, l'avrete capito, è un matematico contemporaneo. Senza scomporsi dice:

> Vedo un oggetto che si muove in uno spazio a 8 dimensioni.

La frase ovviamente scatena l'ilarità dei compagni ("È arrivato il matematico…"), il matematico si sente incompreso ma allo stesso tempo fiero di aver descritto l'esperimento nel modo più completo e sintetico possibile.

Ciò che egli fa è decontestualizzare le variabili dal problema originario. Gli 8 parametri non rappresentano più la posizione e la velocità delle due palline ma rappresentano la posizione di un *unico* oggetto che si muove in uno spazio a 8 dimensioni. Immaginate ora l'oggetto fluttuare leggiadro nel suo spazio 8-dimensionale. La sua posizione a un certo istante è rappresentata da 8 coordinate. La prima e la seconda sono l'ascissa

Chiamalo x!

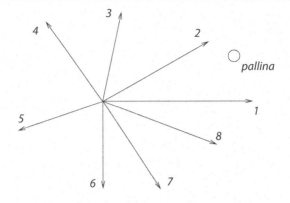

Fig. 3.2. Una figura chiarificatoria…

e l'ordinata della prima pallina, la terza e la quarta sono la velocità della prima pallina rispetto alle ascisse e alle ordinate. La quinta e la sesta sono le ascisse e le ordinate della seconda pallina, e la settima e l'ottava sono la velocità della seconda pallina rispetto alle ascisse ed alle ordinate (vedi Fig. 3.2). In pratica

> ogni posizione assunta dall'oggetto nello spazio 8-dimensionale è univocamente associata a una coppia posizione-velocità delle due palline nel problema originario.

Per raccapezzarsi serve solo un po' di abitudine al ragionamento (molto) astratto.

(3) Siano $x, y \in \mathbb{R}^2$ le posizioni di due particelle di massa 1 e siano $v_x, v_y \in \mathbb{R}^2$ le loro velocità. Siano q_x e q_y le loro cariche elettriche. Sia infine $\xi \in \mathbb{R}^8$ tale che

$$\xi_1 = x_1, \quad \xi_2 = x_2, \quad \xi_3 = y_1, \quad \xi_4 = y_2,$$

$$\xi_5 = v_{x,1}, \quad \xi_6 = v_{x,2}, \quad \xi_7 = v_{y,1}, \quad \xi_8 = v_{y,2}.$$

La dinamica delle palline è $\dot{\xi} = f(\xi)$ con

$$f(\xi) = \begin{pmatrix} \xi_5 \\ \xi_6 \\ \xi_7 \\ \xi_8 \\ kq_xq_y \dfrac{\xi_1 - \xi_3}{\|(\xi_1, \xi_2) - (\xi_3, \xi_4)\|^3} \\ kq_xq_y \dfrac{\xi_2 - \xi_4}{\|(\xi_1, \xi_2) - (\xi_3, \xi_4)\|^3} \\ kq_xq_y \dfrac{\xi_3 - \xi_1}{\|(\xi_1, \xi_2) - (\xi_3, \xi_4)\|^3} \\ kq_xq_y \dfrac{\xi_4 - \xi_2}{\|(\xi_1, \xi_2) - (\xi_3, \xi_4)\|^3} \end{pmatrix}.$$

Una volta capito il meccanismo, perché stare a perdere tempo ad associare a ogni variabile il suo significato fisico quando possiamo chiamare la traiettoria dell'oggetto x, la dimensione del problema n, e lavorare nello stesso modo qualunque sia il numero di palline (anche cento milioni)? È facile capire che questo approccio può dare molti vantaggi se si tratta di studiare la dinamica delle galassie, formate da miliardi di stelle, oppure la dinamica dei gas, costituiti da miliardi di molecole.

Sempronio quindi, con la sua ormai affinata capacità di astrazione, non ha semplificato il problema, perché non ne ha ridotto la dimensione totale, ma lo ha semplificato nella sua definizione e di conseguenza nella sua risoluzione. Il problema – condensato in una scrittura super concisa – viene studiato e risolto in astratto, cioè viene trovata la posizione dell'oggetto 8-dimensionale a ogni istante. Fatto ciò, si scompone la traiettoria 8-dimensionale, riassegnando a ognuno degli 8 parametri il significato fisico originale. Ma quest'ultima fase sarà senza dubbio portata avanti da un fisico o da un ingegnere perché Sempronio si sarà già interessato a un altro problema ancora più astratto. Fortunatamente ci sono i fisici e gli ingegneri, senza di loro l'utilità della matematica sarebbe ben poco evidente!

Talvolta, un nuovo risultato matematico viene presentato alla comunità scientifica limitandosi al caso di una sola dimensione (come se vivessimo su una retta) semplicemente perché esso è stato dimostrato solo in quel caso o perché esporlo nel caso di una dimensione qualsiasi aggiungerebbe delle complicazioni inutili. In casi come questo potrete immediatamente riconoscere i matematici presenti tra gli astanti, in quanto saranno i primi ad alzare la mano e chiedere: "Il risultato vale in qualsiasi dimensione?". Il richiamo della generalizzazione a una qualunque dimensione è troppo forte, nessun matematico può resistere. Non solo, ma certi problemi di fisica, per natura ristretti alle tre dimensioni del nostro spazio, vengono spesso risolti generalizzandone la dimensione, non si sa mai che ciò possa tornare utile per qualche altro problema futuro...

(4) Un esempio tipico è il problema della propagazione delle onde. Il problema è stato studiato in *una* dimensione, per prevedere il moto di una corda vibrante che genera un suono negli strumenti musicali, è stato studiato in *due* dimensioni, per prevedere la propagazione di un'onda nel mare, ed è stato studiato in *tre* dimensioni per prevedere la propagazione del suono o della luce in una stanza. Stranamente il comportamento delle onde si è rivelato molto differente a seconda che si tratti del mare o della stanza. I fisici ne hanno preso atto. Poi qualche matematico ha detto: "Ma i risultati valgono in qualsiasi dimensione?", e allora si è scoperto che le onde si propagano come nel mare, nei mari di dimensione pari, e come nella stanza, nelle stanze di dimensione dispari. Questo fa veramente pensare che se Dio esiste deve essere proprio un matematico.

(4) Sia $u : \mathbb{R}^n \times [0, +\infty) \to \mathbb{R}$ la funzione che descrive un'onda che si propaga con velocità c. La funzione u è soluzione di

$$\begin{cases} u_{tt}(x, t) = c^2 \triangle u(x, t), & x \in \mathbb{R}^n,\ t \in (0, +\infty) \\ u(x, 0) = u_0(x), & x \in \mathbb{R}^n \\ u_t(x, 0) = u_1(x), & x \in \mathbb{R}^n \end{cases}$$

dove $u_0(x)$ e $u_1(x)$ sono i dati iniziali.

Per $n = 2$, la soluzione è

$$u(x, t) = \frac{1}{2\pi c} \iint_{|y-x| \leq ct} \frac{u_1(y)}{\sqrt{c^2 t^2 - |y - x|^2}} dy$$
$$+ \frac{\partial}{\partial t} \frac{1}{2\pi c} \iint_{|y-x| \leq ct} \frac{u_0(y)}{\sqrt{c^2 t^2 - |y - x|^2}} dy .$$

Per $n = 3$, la soluzione è

$$u(x, t) = \frac{1}{4\pi c^2 t} \int_{|\xi|=ct} u_1(x_1 + \xi_1, x_2 + \xi_2, x_3 + \xi_3) dS$$
$$+ \frac{\partial}{\partial t} \frac{1}{4\pi c^2 t} \int_{|\xi|=ct} u_0(x_1 + \xi_1, x_2 + \xi_2, x_3 + \xi_3) dS .$$

È da notare che nel caso $n = 2$ si ha un integrale di volume mentre nel caso $n = 3$ si ha un integrale di superficie. Questa differenza tra n pari e dispari persiste anche nelle dimensioni superiori a 3.

4

Analisi funzionale

Voi tutti siete stati esposti a un corso di teoria della misura?

Prof. P. D'Ancona

L'analisi funzionale è da molti considerata la base dell'Alta matematica. È una delle materie che tocca la massima capacità di astrazione della mente umana. Spiegare a uno studente di matematica del secondo anno i principali risultati dell'Analisi funzionale è come spiegare a un bambino le equazioni di terzo grado. Produce solo un gran mal di testa.

Proviamo comunque ad aprire un varco nella nebbia.

(1) Consideriamo due quantità: la corrente elettrica consumata nella vostra casa e gli euro da pagare puntualmente richiesti nella bolletta della luce. Queste due quantità sono legate tra loro da una *legge* ben precisa. Più aumentano i consumi e più aumentano gli euro da pagare. Una volta stabilita con esattezza la *legge*, data una quantità si può ricavare l'altra e viceversa.

---

(1) Siano A e B due insiemi non vuoti. Si dice *funzione* una legge $f : A \to B$ che associa a ogni elemento $x \in A$ uno e un solo elemento $y = f(x) \in B$.

---

(2) È a questo punto che dobbiamo compiere un salto verso l'astrazione. Il matematico non è interessato né alla corrente elettrica né ai soldi da pagare (probabilmente si dimentica anche di pagare la bolletta...) ma è interessato solamente alla *legge* che lega queste

due quantità. Egli trascura sia il problema reale che i numeri a esso collegati. Si astrae completamente per ricercare l'essenza pura della questione matematica. Vede davanti a sé un nuovo spazio, popolato da tutte le *leggi* che possono legare due quantità. Supponiamo per un attimo che questo spazio abbia la forma di un rettangolo. Allora dobbiamo immaginare che ogni punto di questo rettangolo (e il rettangolo ha infiniti punti) corrisponda a una *legge* che lega due quantità. Abbiamo così uno *spazio delle leggi* nel quale divertirci.

> (2) Sia *X* un insieme di funzioni.

(3) Consideriamo due punti nel nostro rettangolo e chiamiamoli *legge 1* e *legge 2*. Dati due punti, qual è la cosa più naturale che viene da fare? Per esempio calcolarne la distanza. Bene, allora dobbiamo procurarci un righello adatto per lo *spazio delle leggi*. Infatti non è affatto banale dare un significato alla domanda "che distanza c'è tra la *legge* che lega due numeri in modo tale che il primo numero sia sempre il doppio del secondo e la *legge* che li lega in modo tale che il secondo numero sia sempre uguale alla radice quadrata del primo più il primo?" (avete capito perché si introduce il simbolismo matematico?).

Per rispondere a questa domanda bisogna andare a scomodare una delle più importanti capacità di un matematico: cogliere l'essenza delle cose, senza fermarsi al significato di facciata. Infatti, definendo la distanza tra due punti nel modo al quale siamo abituati non si va molto lontano, ma scavando fino all'osso nel concetto di distanza si trovano delle proprietà che la caratterizzano completamente. Liberandosi di tutto ciò che è superfluo e mantenendo solo queste proprietà fondamentali, si può estendere la definizione di "distanza tra due punti" a quella di "distanza tra due enti matematici" in modo naturale.

> (3) Sia *X* uno spazio vettoriale su $\mathbb{R}$. Una funzione $\|\cdot\|_X : X \to \mathbb{R}$ è detta *norma* in *X* se sono verificate le seguenti proprietà:
>
> (i) $\|x\|_X \geq 0$ per ogni $x \in X$ e $\|x\|_X = 0 \Leftrightarrow x = 0$.
> (ii) $\|\alpha x\|_X = |\alpha| \|x\|_X$ per ogni $\alpha \in \mathbb{R}$, per ogni $x \in X$.

(iii) $\|x + y\|_X \le \|x\|_X + \|y\|_X$ per ogni $x, y \in X$.

La funzione $d_X : X \times X \to \mathbb{R}$ definita da $d_X(x, y) := \|x - y\|_X$ è una *distanza* in X.

(4) Così facendo, possiamo trovare un enorme numero di modi per calcolare la distanza tra due *leggi*, ognuno di questi valido e perfettamente sensato. Due modi, tra i più famosi, sono chiamati la distanza "*p*" e la distanza "infinito" (come sempre i matematici non hanno grande fantasia nei nomi).

(4) Sia $\Omega \subset \mathbb{R}^n$ e $u \in L^p(\Omega)$. Definiamo la norma $\| \cdot \|_p$ come

$$\|u\|_p = \left(\int_\Omega |u(x)|^p dx \right)^{1/p}.$$

Sia $\Omega \subset \mathbb{R}^n$ un compatto e $u \in C^0(\Omega)$. Definiamo la norma $\| \cdot \|_\infty$ come

$$\|u\|_\infty := \max_{x \in \Omega} |u(x)|.$$

(5) Ciò che manda letteralmente in visibilio i matematici è il grande avvenimento della *convergenza*, cioè quando una *legge* si muove nello *spazio delle leggi* spinta da una forza misteriosa che la fa avvicinare sempre di più a un'altra *legge*, in base a una qualche nozione di distanza astratta definita precedentemente. In altre parole, quando una *legge* si sta trasformando in un'altra *legge*. La nozione di convergenza permette di semplificare molto la vita a chi ha deciso di passare le sue giornate immerso nello *spazio delle leggi*. Infatti, se egli non riesce a capire come è fatta una *legge* perché il suo studio risulta troppo difficile, può trovare un'altra *legge*, più facile da studiare, che si muova verso la *legge* difficile. Lasciandosi trasportare dalla *legge* facile, si può arrivare abbastanza vicino alla *legge* difficile per esplorarla in tutti i suoi dettagli.

(5) Sia X uno spazio normato. Sia $\{u_n\}_{n\in\mathbb{N}} \subset X$ e $u \in X$. Allora u_n converge a u in X per $n \to +\infty$ se

$$\forall \varepsilon > 0 \ \exists \tilde{n}_\varepsilon \ : \ \forall n > \tilde{n}_\varepsilon \ \|u_n - u\|_X < \varepsilon .$$

(6) Le *leggi* vengono classificate in base alle loro proprietà. Ci sono *leggi* belle e *leggi* brutte, *leggi* divertenti, *leggi* esotiche, *leggi* sui cui ormai sappiamo tutto e quelle su cui non sappiamo quasi niente.

(6) $\qquad f(x) = e^x, \quad f(x) \equiv 0, \quad f(x) = \sqrt{-e^{\cos(\tan(x))}} ,$

$$f(x) = \begin{cases} 1 & x \geq 0 \\ -1 & x < 0 \end{cases} , \quad f(x) = \int_0^x e^{-t^2} dt .$$

Le proprietà delle *leggi* sono grosso modo definite in base alle operazioni che si possono fare con esse.

(7) Per esempio, una delle operazioni più famose che si compie su una *legge* che lega due numeri x e y è la *derivazione*, che corrisponde a chiedersi: "Se faccio variare x di una certa quantità, quanto varia y in conseguenza?". Dal momento che le due quantità sono legate, infatti, la variazione di una implica la variazione dell'altra, ma, in generale, non nella stessa misura.

(7) Una funzione $f : \mathbb{R} \to \mathbb{R}$ è derivabile in x se esiste finito il

$$\lim_{h\to 0} \frac{f(x+h) - f(x)}{h} .$$

Il matematico classifica tutte le *leggi* mettendo insieme quelle con le caratteristiche comuni e dà un nome a questi gruppi di *leggi*. I nomi suonano più o meno così: *Lip*, C^k, C^∞, L^p, $W^{k,p}$, tanto per citare i più famosi.

(8) Una domanda interessante:

È sufficiente un rettangolo di larghezza e altezza infinite per contenere tutte le *leggi*?

La risposta è facile, no. Per contenere lo *spazio delle leggi* non basta uno spazio a due dimensioni (come appunto un rettangolo), e neanche uno spazio a tre dimensioni, come un cubo, neppure se ha volume infinito. Come abbiamo visto nel capitolo 3 sugli spazi a più dimensioni, per contare le dimensioni dello *spazio delle leggi* è sufficiente contare quanti parametri servono per individuare una *legge* al suo interno. Sembrerebbe facile, fino a quando non ci accorgiamo che ne servono infiniti. Di conseguenza serve uno spazio a infinite dimensioni per contenere tutte le *leggi*, il che fa pensare che ce ne siano veramente tante...

---

(8) Consideriamo per esempio lo spazio $\mathcal{P}$ dei polinomi di una variabile. L'insieme $\{1, x, x^2, x^3, \dots\}$ è una base di $\mathcal{P}$. Essa ha infiniti elementi.

---

(9) Fino ad ora abbiamo pensato alle *leggi* come qualcosa che lega un numero a un altro. In realtà una *legge* può legare due oggetti matematici qualsiasi, non solo dei numeri. Per esempio può legare una terna di numeri a un numero, un insieme a un altro, oppure può legare una *legge* stessa a un numero. La strada per lo spazio delle *leggi* che legano tra loro delle *leggi* è quindi spianata.

---

(9) Sia $F : L^1(\Omega) \to \mathbb{R}$ il funzionale definito da

$$F(u) = \int_\Omega |u(x)|\,dx \,.$$

Sia $G : C^\infty(\mathbb{R}) \to C^\infty(\mathbb{R})$ la funzione definita da

$$G[f](x) = \int_0^x f(t)\,dt + f'(x+1) \,.$$

Una piccola digressione sulla famosa questione "matematica: scoperta o invenzione?". È ovvio che nessuno ci vieta di inventare lo *spazio delle leggi* (l'essere umano ne fa di cose inutili...), ma come da tutte le cose campate per aria non ci si aspetta di ricavarne niente di interessante.

(10) Ma quando poi si scopre che nello *spazio delle leggi* vale il teorema di Pitagora (pensate a un triangolo dove i vertici sono *leggi*... surreale...), allora ci si comincia a porre delle domande che vanno oltre la matematica. Siamo di fronte a un inutile divagare del pensiero umano oppure ci siamo imbattuti in qualcosa di più grande di noi?

---

(10) Sia S uno spazio di Hilbert separabile. Sia $\{\phi_k\}_{k \in \mathbb{N}}$ una sua base ortonormale *completa*, cioè per ogni $f \in S$ e $\varepsilon > 0$ esiste $n_\varepsilon \in \mathbb{N}$ e $\gamma_1, \ldots, \gamma_{n_\varepsilon} \in \mathbb{R}$ tali che

$$\left\| f - \sum_{k=1}^{n_\varepsilon} \gamma_k \phi_k \right\|_S < \varepsilon .$$

Indichiamo con $(\cdot, \cdot)_S$ il prodotto scalare in S. Allora per ogni $f \in S$ si ha

$$\|f\|_S^2 = \sum_{k=1}^{\infty} (f, \phi_k)_S^2 .$$

Il termine $(f, \phi_k)_S$ è detto k-esimo coefficiente di Fourier. Se $S = \mathbb{R}^2$ e (ϕ_1, ϕ_2) è la sua base canonica ritroviamo il noto teorema di Pitagora.

5

Equazioni differenziali

(1) L'unico ingrediente necessario per fare un'equazione differenziale è un qualcosa che varia. Unica condizione, che il modo con cui varia il qualcosa dipenda dal qualcosa stesso.

(1) Sia $k \geq 1$ un intero e sia U un aperto di $\mathbb{R}^n$. Sia data

$$F : \mathbb{R}^{n^k} \times \mathbb{R}^{n^{k-1}} \times \ldots \times \mathbb{R}^n \times \mathbb{R} \times U \to \mathbb{R} \, .$$

Trovare una funzione $u : U \to \mathbb{R}$ tale che

$$F(D^k u(x), D^{k-1} u(x), \ldots, Du(x), u(x), x) = 0 \, , \quad x \in U \, ,$$

dove $D^k u(x) \in \mathbb{R}^{n^k}$ è un vettore le cui componenti sono le derivate parziali di u di ordine k.

(2) Per spiegare il concetto non c'è esempio migliore dello sciacquone del water. Dopo aver scaricato, l'acqua comincia a fluire liberamente all'interno dello sciacquone fino a quando il livello dell'acqua è tale da toccare un galleggiante. A questo punto il galleggiante, salendo sempre di più, aziona una leva che riduce gradualmente il flusso d'acqua entrante. Quindi, più acqua entra, più il livello dell'acqua sale, più il galleggiante chiude il flusso, meno acqua entra. In conclusione, più acqua entra, meno acqua entra. Un circolo vizioso? Ebbene sì, e dei più eleganti, oserei dire. E il matematico si esalta.

Come sempre, dopo il momento di esaltazione, bisogna concentrarsi e iniziare a scrivere t è il tempo che passa, a è la quantità di acqua che varia. Poi arriva la parte più difficile, cioè trovare la *legge* che dice come varia la quantità d'acqua in funzione della quantità d'acqua stessa.

---

(2) Sia $a(t)$ la quantità d'acqua presente nello sciacquone al tempo t. All'inizio della ricarica si ha $a(t = 0) = 0$. Sia 1 la quantità massima d'acqua che può contenere lo sciacquone. L'equazione da risolvere è

$$\begin{cases} \dot{a}(t) = 1 - a(t), & t > 0 \\ a(0) = 0 \, . \end{cases}$$

Per inciso, se volete cambiare qualche notazione, siete parzialmente liberi di farlo. Se per esempio non vi piace a e preferite f o g o u, nessun problema. Se invece preferite N o ε o, più semplicemente, "quantità", lasciate perdere nessun matematico vi darebbe mai il permesso.

Di esempi di equazioni differenziali se ne possono fare letteralmente milioni. Se l'esempio dello sciacquone vi è sembrato troppo terra terra, posso rilanciare con qualcosa di più elevato.

(3) La variazione del numero di abitanti del pianeta Terra dipende dal numero di abitanti del pianeta Terra (pochi abitanti, poca crescita della popolazione, tanti abitanti, grande crescita, almeno finché ci sono risorse per tutti...).

---

(3) Sia $p(t)$ il numero di abitanti in una data regione al tempo t. Sia C il loro tasso di crescita. La funzione $p(t)$ è soluzione di

$$\begin{cases} \dot{p}(t) = Cp(t), & t > 0 \\ p(0) = p_0 \end{cases}$$

dove p_0 è il numero di abitanti nella regione al tempo $t = 0$.

---

(4) Possiamo anche complicare un po' le cose. Per quanto riguarda il moto di rotazione della Terra intorno al Sole, abbiamo che la variazione del modo in cui varia la posizione della Terra dipen-

de dalla posizione della Terra. Avrete forse l'impressione che stia barando, dal momento che avevo detto che tra gli ingredienti di un'equazione differenziale c'era la variazione di un qualcosa mentre qui c'è la variazione del modo in cui varia un qualcosa. Tipico problema, questo, che non impensierisce minimamente il matematico. Basta dare un nome al modo in cui varia il qualcosa, per esempio "modoincuivariailqualcosa", ed ecco che la variazione del modo in cui varia il qualcosa non è altro che la variazione di "modoincuivariailqualcosa", che è a sua volta un qualcosa.

---

(4) Sia x_S la posizione (fissa) del Sole, e sia $x(t) \in \mathbb{R}^3$ la posizione della Terra al tempo t. La funzione $x(t)$ è soluzione di

$$
\begin{cases}
\ddot{x}(t) = GM_S \dfrac{x_S - x}{\|x_S - x\|^3}, & t > 0 \\
\dot{x}(0) = v_0 \\
x(0) = x_0
\end{cases}
$$

dove v_0 e x_0 sono rispettivamente la velocità e la posizione della Terra al tempo $t = 0$ e M_S è la massa del Sole.

---

(5) Un altro esempio tipico, la caduta di un paracadutista. Qui la situazione è ancora diversa: la variazione del modo in cui varia la sua posizione dipende dalla variazione della sua posizione. Inutile dire che anche questa variante non disturba affatto il matematico.

---

(5) Sia $h(t)$ l'altezza del paracadutista al tempo t. La funzione $h(t)$ è soluzione di

$$
\begin{cases}
\ddot{h}(t) = -g + b\dot{h}, & t > 0 \\
\dot{h}(0) = 0 \\
h(0) = h_0
\end{cases}
$$

dove h_0 è l'altezza del paracadutista al tempo $t = 0$ e $b > 0$ è il coefficiente di attrito dell'aria.

Le equazioni differenziali si dividono in due gruppi: *ordinarie* (facili) e *a derivate parziali* (difficili). Queste ultime si dividono in *iperboliche*, *paraboliche* ed *ellittiche*. Ogni gruppo ha in comune dei metodi di studio. Un matematico di capacità media conosce normalmente i metodi di studio solamente di una di queste classi, ed è veramente esperto solo di qualche equazione appartenente a una classe. Il compito di trovare i collegamenti tra le differenti classi è riservato ai geni.

(6) Una delle più famose equazioni iperboliche si chiama *equazione eikonale*. Descrive il comportamento di un raggio di luce che si sposta da un punto a un altro oppure (magia della matematica) il propagarsi di un incendio in una foresta oppure (ancora magia della matematica) la formazione di una pila di sabbia. Anche i bagnini farebbero bene a conoscerla, risolvendo l'equazione eikonale si può calcolare la strada che essi devono percorrere per raggiungere il prima possibile una persona che sta annegando.

(6) Sia Ω un chiuso di $\mathbb{R}^n$ e sia $c : \mathbb{R}^n \times [0, +\infty) \to \mathbb{R}$ una funzione data. Sia $d(x)$ la distanza in segno tra x e Ω. Sia infine $u : \mathbb{R}^n \times [0, +\infty) \to \mathbb{R}$ la soluzione di viscosità di

$$\begin{cases} u_t(x, t) + c(x, t)|\nabla u(x, t)| = 0, & x \in \mathbb{R}^n, \, t > 0 \\ u(x, 0) = d(x), & x \in \mathbb{R}^n. \end{cases}$$

La curva $\Gamma(t) = \{x \in \mathbb{R}^n : u(x, t) = 0\}$, $t > 0$ rappresenta un fronte (per esempio un fronte di fiamma) tale che ogni suo punto x si propaga in direzione normale al fronte stesso con velocità $c(x, t)$. Nel caso $c(x, t) = c(x) > 0$, il fronte $\Gamma(t)$ può essere calcolato come $\Gamma(t) = \{x \in \mathbb{R}^n : T(x) = t\}$, dove T è la soluzione di viscosità di

$$\begin{cases} c(x)|\nabla T(x)| = 1, & x \in \mathbb{R}^n \setminus \Omega \\ T(x) = 0, & x \in \Omega. \end{cases}$$

Dato un punto $x_0 \in \mathbb{R}^n$, la curva $\gamma(t) \in \mathbb{R}^n$ tale che $\gamma(0) = x_0$ e $\gamma'(t) = -\nabla T(\gamma(t))$ rappresenta la strada più veloce per raggiungere Ω partendo da x_0 spostandosi a velocità $c(x)$.

Una volta scritta l'equazione differenziale non resta che risolverla. "Risolvere un'equazione", ecco una frase che spaventa! Nessun matematico sente la necessità di spiegare cosa significhi, tutti gli altri hanno un disperato bisogno di saperlo. Nel caso di un'equazione differenziale, "risolvere" vuol dire trovare il qualcosa che stiamo studiando a ogni istante passato, presente e futuro. Per esempio, dopo quanto tempo si riempie lo sciacquone? Dopo quanto tempo il paracadutista sarà arrivato a terra? Dove sarà la Terra tra quattro mesi e cinque giorni (e soprattutto, andrà in collisione con quel meteorite appena avvistato)?

Fortunatamente ci sono tante equazioni differenziali utili la cui soluzione è relativamente facile da trovare. Per esempio l'equazione per mandare un uomo sulla Luna, per attivare l'ABS di una macchina, per progettare lo scafo di una nave, per fare le previsioni del tempo, ecc. In generale, tutto ciò in cui si dilettano gli ingegneri. Ci sono poi altre equazioni differenziali di dubbia utilità ma incredibilmente difficili da risolvere. Ovviamente il matematico ne è attratto come una falena dalla luce. Tali equazioni sono talmente difficili da risolvere che nella maggior parte dei casi il matematico si accontenta di "sapere qualcosa" sulla soluzione, senza avvicinarsi a conoscerla esplicitamente. È un po' come se di fronte all'equazione $x + 3 = 5$ non fossimo in grado di dire che la soluzione è $x = 2$, ma ci accontentassimo di dire che esiste una soluzione e che questa è un numero pari. Non è molto ma è già qualcosa...

(7) I problemi tipici sono quindi: esiste una soluzione? Se esiste, è unica? Se non è unica (di norma se ne esiste più d'una allora ne esistono infinite) c'è il modo di selezionarne una sola "più esatta" delle altre? La faccenda si complica sempre di più, anche perché sulle equazioni differenziali spesso la matematica e la fisica prendono strade differenti. Risolvendo per esempio l'equazione differenziale associata al problema della propagazione di un incendio in una foresta, il matematico trova delle soluzioni secondo le quali i focolai di incendio si producono dal nulla, in anticipo rispetto all'arrivo del fronte di fiamma. Il fisico ci ride su, prende le soluzioni "impossibili" e le butta nel cestino. Il matematico invece le conserva in una teca di cristallo, le osserva, le studia, le considera come qualcosa di magico che era nascosto nell'equazione senza che nessuno ce l'avesse messo dentro. Cos'hanno di speciale? Perché sono soluzioni esatte dal punto di vista matematico ma alla stesso tempo fisicamente impossibili? Perché la natura non ha "scelto" quelle?

(7) L'equazione eikonale evolutiva introdotta in (6) può non ammettere nessuna soluzione $u \in C^1$ ma può ammettere infinite soluzioni differenziabili quasi ovunque. Ammette però un'unica soluzione di viscosità, definita come $\lim_{\varepsilon \to 0} u_\varepsilon$, dove u_ε è l'unica soluzione di

$$\begin{cases} \partial_t u_\varepsilon(x, t) + c(x, t)|\nabla u_\varepsilon(x, t)| = \varepsilon \triangle u_\varepsilon(x, t), & x \in \mathbb{R}^n, \ t > 0 \\ u_\varepsilon(x, 0) = d(x), & x \in \mathbb{R}^n. \end{cases}$$

(8) Nel capitolo 3 dedicato agli spazi a più dimensioni abbiamo accennato all'*equazione delle onde*, una delle equazioni a derivate parziali più famose. Abbiamo visto come la sua soluzione dipenda stranamente dalla dimensione dello spazio in cui è risolta. L'equazione delle onde serve a prevedere per esempio il movimento di una corda che viene pizzicata (e a sapere che nota musicale produrrà), il moto di un'onda nel mare o la propagazione delle onde acustiche o delle onde radio nello spazio. Sebbene essa sia nota dal XVIII secolo, è ancora oggetto di studio da parte di orde di matematici che hanno dedicato la vita a svelarne i segreti. Quello che ad oggi non si riesce a capire è se l'equazione abbia o meno una soluzione nel caso in cui l'onda sia alimentata da una sorgente la cui potenza dipende dall'onda stessa.

(8) Sia $f \in C^\infty(\mathbb{R}^n)$, $f(0) = 0$ e siano $u_0, u_1 \in C_0^\infty(\mathbb{R}^n)$. L'equazione delle onde non lineare è

$$\begin{cases} u_{tt}(x, t) = \triangle u(x, t) + f(u(x, t)), & x \in \mathbb{R}^n, \ t > 0 \\ u_t(x, 0) = u_0(x, t), & x \in \mathbb{R}^n \\ u(x, 0) = u_1(x, t), & x \in \mathbb{R}^n. \end{cases}$$

Teorema Sotto le ipotesi introdotte esiste un tempo $T > 0$ e un'unica funzione $u \in C^\infty(\mathbb{R}^n \times [-T, T])$ soluzione dell'equazione.

Teorema Se $n = 3$ e $f(u) = -|u|^{p-1}p$ con $p \leq 5$, allora esiste un'unica soluzione $u \in C^2(\mathbb{R}^3 \times [0, +\infty))$.

Nel caso $p > 5$ il problema dell'esistenza e unicità di soluzioni globali è aperto.

Se vi state domandando "Ma che me ne importa?" sappiate che questa è una domanda che tutti gli studenti del corso di laurea in matematica si sono fatti almeno una volta. Ma poi si viene risucchiati dal problema ... e non ci si pone più la domanda.

(9) L'equazione a derivate parziali parabolica più famosa che ci sia è l'equazione del calore, risolta per la prima volta da J. Fourier nel 1822. In questo caso il qualcosa che varia è la temperatura di un oggetto, per esempio una placca metallica. Conosciamo la temperatura della placca nell'istante in cui parte l'esperimento e la temperatura *al bordo* della placca a ogni istante presente e futuro (la temperatura al bordo è controllata da una sorgente fredda o calda). Vogliamo sapere la temperatura in ogni punto della placca a ogni istante, cioè vogliamo capire come il calore si propaga dal bordo all'interno della placca. Per complicarci la vita, possiamo aggiungere una sorgente di calore che scalda la placca in un certo punto, per esempio un accendino posto al di sotto di essa (guardate la versione in *matematichese*, anche l'accendino è chiamato *f*! Hanno veramente poca fantasia questi matematici!). L'equazione del calore non è troppo difficile da risolvere, fino a quando non si chiede di invertire la freccia del tempo e trovare la temperatura della placca a ogni istante passato, cioè si cerca di capire cosa è accaduto alla placca dieci minuti fa se ora ha quella temperatura. Qui cominciano i guai, perché l'equazione potrebbe non avere soluzione. Avete qualche idea?

(9) Sia $\Omega \subset \mathbb{R}^n$ un aperto limitato. Sia $u(x, t)$ la temperatura di un oggetto di forma Ω nel punto x al tempo t. Sia $k > 0$ il coefficiente di conducibilità termica dell'oggetto. Sia ϕ la temperatura della placca al tempo $t = 0$. Sia μ la temperatura al bordo della placca a ogni istante. Allora u è soluzione di

$$\begin{cases} u_t(x, t) = k \triangle u(x, t) + f(u(x, t)), & x \in \Omega, \, t > 0 \\ u(x, 0) = \phi(x), & x \in \Omega \\ u(x, t) = \mu(x, t), & x \in \partial\Omega, \, t > 0 \,. \end{cases}$$

(10) Dimenticavo, dopo quanto tempo l'acqua smette di entrare nello sciacquone? La risposta dipende dalla persona cui è fatta la

domanda: per il matematico, l'acqua non smette mai di entrare, o se volete dirlo come un vero matematico, smette di entrare dopo un tempo infinito. Per il fisico, esiste un tempo τ tale che dopo 4–5 volte τ l'acqua smette di entrare. Per l'ingegnere, l'acqua smette di entrare dopo $32{,}4 \pm 0{,}5$ secondi. Per l'idraulico, l'acqua smette di entrare dopo una trentina di secondi. E se non smette, lo sciacquone è rotto.

---

(10) La soluzione dell'equazione dello sciacquone è
$a(t) = 1 - e^{-t}$ e quindi $a(t) \neq 1$ per ogni $t > 0$
e $\lim_{t \to +\infty} a(t) = 1$.

6

Geometria differenziale

I matematici che fanno geometria si autodefiniscono "geometri". Non c'è alcun pericolo di confonderli con qualche esponente della ben più nota categoria omonima. I geometri vivono in un mondo incantato in cui la parola "senso pratico" è sconosciuta. Un tempo la geometria era lo studio delle figure geometriche: si disegnava un cubo, si contavano i lati, i vertici, gli spigoli e le facce. Poi si calcolava l'area della superficie e il volume. Ci si divertiva a studiare le proporzioni tra i lati, le corrispondenze tra vertici, spigoli e lati, e così via.

(1) Si disegnava un triangolo e si enunciava il teorema, a parole:

In un triangolo rettangolo l'area del quadrato costruito sull'ipotenusa è uguale alla somma delle aree dei quadrati costruiti sui cateti

oppure

In un triangolo rettangolo un cateto è uguale all'ipotenusa per il coseno dell'angolo adiacente.

---

(1) **Teorema** In un triangolo rettangolo l'area del quadrato costruito sull'ipotenusa è uguale alla somma delle aree dei quadrati costruiti sui cateti.

Teorema In un triangolo rettangolo un cateto è uguale all'ipotenusa per il coseno dell'angolo adiacente.

(2) Nel XVII secolo la geometria ha cambiato volto, ed è sufficiente pensare al gioco della battaglia navale per capire come. Prima di posizionare la flotta di navi sul campo di battaglia le vostre navi sono solo dei rettangoli di plastica. Per riferirvi a esse dovete necessariamente indicarle, o chiamarle "rettangoli di plastica a forma di nave". Ma dal momento in cui esse sono posizionate sul campo di battaglia potranno essere identificate semplicemente con la loro posizione: da B7 a B10, o se preferite, con un semplice B7–B10. È bastato posizionare l'incrociatore su un piano quadrettato con dei riferimenti alfanumerici ai bordi per trasformarlo in uno strano ente matematico che sembra il nome in codice di un agente segreto.

> (2) Sia $Ox_1x_2...x_n$ un riferimento cartesiano n-dimensionale.

A questo punto, perché fare differenza tra un rettangolo e un oggetto chiamato Zx-Zy? I matematici moderni ritengono che questa seconda scrittura sia molto più comoda e molto più potente, e hanno cominciato a tradurre nel nuovo linguaggio tutte le figure geometriche che conoscevano. Un cerchio, per esempio, diventa

$$\{x \in \mathbb{R}^2 : \textstyle\sum_{i=1}^{2} x_i^2 = 1\} \, .$$

E una sfera? Cambia veramente poco nella nuova simbologia:

$$\{x \in \mathbb{R}^3 : \textstyle\sum_{i=1}^{3} x_i^2 = 1\}$$

(avete trovato dov'è la differenza?). Ma la vera potenza del nuovo metodo sta qui: cos'è $\{x \in \mathbb{R}^n : \sum_{i=1}^{n} x_i^2 = 1\}$? Ovviamente è un'ipersfera n-dimensionale, qualsiasi cosa questo significhi.

Dopo aver riscritto il vocabolario della geometria, i matematici hanno cominciato ad assaporarne le nuove potenzialità. Il calcolo delle aree e dei volumi, per esempio, può essere enormemente semplificato grazie agli strumenti che i matematici moderni hanno sviluppato per ottenere risultati in altri campi.

(3) Il calcolo del volume del cono ne è un esempio lampante. Con i nuovi strumenti si procede così (vedi Fig. 6.1): si sega il cono in infinite fettine, si calcola l'area di ogni fettina (facile, perché ogni fettina è un cerchio) e poi si sommano tutte le aree di tutte

le infinite fettine. Forse la cosa vi apparirà strana perché la vostra calcolatrice (così come il più potente dei computer) non può sommare infiniti numeri. Infatti non si usa una calcolatrice, ma il calcolo infinitesimale, una delle più grandi scoperte del genere umano, purtroppo sconosciuta alla maggior parte del genere umano. Il calcolo infinitesimale permette di sommare infinite quantità in pochi semplici passaggi, senza bisogno di alcun aiuto "tecnologico". Quasi impossibile parlare di *invenzione* in questo caso, poiché il calcolo infinitesimale è chiaramente più potente e ricco di quanto avessero potuto immaginare i fortunati che lo hanno *scoperto*. Semplicemente, si sono "accorti" che esisteva e lo hanno cominciato a usare.

(3) Il volume di un cono a base circolare di altezza h e raggio di base R è dato da (vedi Fig. 6.1)

$$V = \int_0^h \pi r^2(z)\mathrm{d}z = \int_0^h \pi(h-z)^2 \frac{R^2}{h^2}\mathrm{d}z = \frac{1}{3}\pi R^2 h \, .$$

Proiettati in questo nuovo mondo si fa presto a dimenticare le aree e i volumi, al contrario viene naturale lanciarsi in problemi ben più complessi.

(4) Un problema classico è quello delle superfici minime. Prendete un filo di ferro, piegatelo e ripiegatelo come volete e poi congiungete i due estremi, in modo da formare una specie di anello

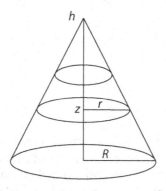

Fig. 6.1. Un cono tagliato a fettine

deformato. Il problema consiste nel trovare la superficie di area minima che abbia come bordo il vostro filo di ferro. Cioè, non solo volete trovare una superficie che "tocchi" il filo di ferro in ogni suo punto, ma volete trovare quella che ha area minima tra tutte quelle possibili. Tipico problema da matematici...

Se siete stati pigri e con il filo di ferro avete fatto una semplice circonferenza, la superficie di area minima sarà il cerchio contenuto (come un trampolino elastico senza bambini che ci saltano sopra). Ma se la curva è più complicata bisogna mettere in campo i migliori geometri per trovare la soluzione o – alternativamente – uno dei bambini che stava giocando sul trampolino e che avete fatto scendere a causa dell'esperimento scientifico in corso. Basta chiedergli di prestarvi il suo barattolino di acqua saponata con cui si divertiva a fare le bolle di sapone prima che arrivaste voi. Mettete il filo di ferro nell'acqua saponata e tiratelo fuori (senza soffiare!). Incredibilmente, l'eterea superficie di acqua saponata che si è formata è proprio una superficie che ha come bordo il vostro filo di ferro. È la superficie di area minima? In molti casi sì, ma non sempre. Perché? Questo è lavoro da geometri!

---

(4) Sia $U \subset \mathbb{R}^2$ un aperto e sia γ una curva chiusa in $\mathbb{R}^3$. Definiamo Σ_γ come l'insieme delle superfici $\sigma : U \to \mathbb{R}^3$ infinitamente differenziabili che hanno come bordo la curva γ. Definiamo inoltre il funzionale area $A : \Sigma_\gamma \to \mathbb{R}$ come

$$A(\sigma) := \iint_U \sqrt{\det g_\sigma} \, du_1 du_2$$

dove g_σ è la prima forma quadratica fondamentale di σ. Se esiste σ^* tale che $\sigma^* = \arg \min_{\sigma \in \Sigma_\gamma} A(\sigma)$ allora σ^* ha curvatura media nulla. Inoltre, se σ^* è il grafico di una funzione $\phi(x, y) : \widetilde{U} \to \mathbb{R}$, allora si ha

$$\phi_{xx} \left(1 + \phi_y^2\right) + \phi_{yy} \left(1 + \phi_x^2\right) - 2\phi_x \phi_y \phi_{xy} = 0 .$$

---

(5) Ai matematici piacciono le forme strane, e la musica. Se pizzico una corda, che nota emette? E se percuoto un tamburo? Tutto dipende dalla lunghezza della corda o dalla forma del tamburo. Per dare delle risposte precise, i matematici si sono veramente impegnati e sono andati a fondo della questione. Per quanto riguarda il

tamburo, per esempio, hanno scoperto che esiste una corrispondenza tra la frequenza fondamentale emessa e una certa *legge* che associa a ogni punto del tamburo un numero. Per trovare questa *legge*, si deve capire esattamente come varia il numero che essa associa al variare del punto del tamburo, e imporre che questa variazione dipenda dalla *legge* stessa, in un certo modo. Trovata questa *legge*, sappiamo come suona il nostro tamburo. Il risultato vale in qualsiasi dimensione? Certamente! Non so bene a cosa possa servire, ma vi informo che i geometri sanno che nota emetterà una membrana 24-dimensionale fatta vibrare da un bizzarro musicista che abita in un mondo a 25 dimensioni.

Sono state scoperte anche altre cose interessanti. Per esempio, più il tamburo è grande, più il suono emesso è grave (ma questo lo sapevate anche voi...). Il problema è che i matematici non sono persone normali, vogliono andare alla radice delle cose, le vogliono capire fino in fondo. A loro non basta dire "il tamburo è grande", vogliono sapere in quale modo esso "è grande". Per esempio, se il tamburo ha un volume grande, ma ha una forma tentacolare, con tanti bracci sottili che si allungano, il suo suono non sarà affatto grave. Invece un volume piccolo è garanzia di un suono acuto. Ma soprattutto, la grande domanda che esalta il geometra è quella che nessun musicista si porrebbe mai: due tamburi che suonano allo stesso modo, sono uguali? Si sa per certo che essi devono vivere in uno spazio della stessa dimensione e che devono avere lo stesso volume. Devono anche avere il bordo della stessa lunghezza. Per molto tempo si è anche pensato che dovessero essere uguali in tutto e per tutto. Poi, nella prima metà degli anni '60, l'ultima speranza è caduta, qualcuno ha trovato due tamburi in uno spazio a 16 dimensioni, entrambi a forma di ciambella ma diversi l'uno dall'altro, che suonano allo stesso modo. Da quel momento il mondo della musica non è stato più lo stesso... erano nati i Beatles.

(5) Sia Ω un aperto connesso limitato di $\mathbb{R}^n$. Siano $\{u_k(x), \lambda_k\}_{k \in \mathbb{N}}$ le coppie di autofunzioni e autovalori soluzioni del problema

$$\begin{cases} \triangle u_k = \lambda_k u_k & x \in \Omega \\ u_k(x) = 0 & x \in \partial\Omega. \end{cases}$$

Gli autovalori del laplaciano $\lambda_1(\Omega)$, $\lambda_2(\Omega)$, ... corrispondono allo spettro delle frequenze emesse da una membrana vibrante di forma Ω. Il numero $\lambda(\Omega) := \min_{k \in \mathbb{N}} \lambda_k(\Omega)$ è detto *frequenza fondamentale*. Definiamo

$$R_\Omega := \max_{x \in \Omega} \text{dist}(x, \partial\Omega) \,.$$

Teorema Per $n = 2$ esistono due costanti C_1 e C_2 tali che per ogni Ω semplicemente connesso si ha

$$\frac{C_1}{R_\Omega^2} \leq \lambda(\Omega) \leq \frac{C_2}{R_\Omega^2} \,.$$

Teorema Se Ω_1 e Ω_2 ammettono lo stesso spettro, allora $\dim(\Omega_1) = \dim(\Omega_2)$, $\text{vol}(\Omega_1) = \text{vol}(\Omega_2)$ e $\text{vol}(\partial\Omega_1) = \text{vol}(\partial\Omega_2)$.

(6) Tutti sanno che il modo più veloce per andare da un luogo a un altro è di camminare lungo la linea retta che li congiunge. Ma se sulla linea retta troviamo un terreno paludoso, e giusto a fianco c'è una bella strada asfaltata a quattro corsie, le cose cambiano. Una piccola deviazione dalla linea retta potrebbe farmi guadagnare parecchio tempo. Per un non matematico, la cosa potrebbe finire qui. Ma questo modo di vedere le cose non piace troppo al geometra, lo trova decisamente poco elegante. Proviamo allora a cambiare un po' il punto di vista. Diciamo che il terreno è completamente asfaltato e non c'è nessuna palude. Ma là dove c'era la palude, ora c'è una collina, che ancora una volta mi rallenta il cammino. Come prima quindi, la strada più breve non è una linea retta, ma è una strada che aggira la collina. Forse per voi non è cambiato molto, ma questa versione della storia già piace di più al geometra. C'è però ancora qualcosa che non va ed egli ne è infastidito. La versione che lo appaga è un po' più astratta, ma la cosa ormai non vi stupirà. Egli comincia a misurare la distanza che percorre con un metro un po' speciale, che si allunga o si accorcia a seconda del punto in cui si trova. Per esempio, all'inizio del percorso il suo metro è lungo 1 m, dopo qualche passo è lungo 1,5 m, dopo ancora è lungo 5 m. Ma il modo con cui il suo metro si allunga e si accorcia non è casuale, ma è scelto in modo che sia più corto dove c'è la palude (o la collina) e più lungo dove c'è la strada (o la pianura).

Dopo avere ridefinito le distanze in tutto il territorio ... magia! La strada più veloce diventa la linea retta congiungente i due punti. Ora sì che il geometra è appagato.

(6) **Teorema.** Sia M una varietà Riemanniana e $p \in M$. Allora esiste un intorno V di p su M, un numero $\varepsilon > 0$ e una funzione liscia $\gamma : (-2, 2) \times \mathcal{U} \to M$, $\mathcal{U} = \{(q, w) : q \in V, w \in T_q M, |w| < \varepsilon\}$ tale che $t \to \gamma(t, q, w)$ è l'unica geodetica di M che all'istante $t = 0$ passa per q con velocità w.

Sia $\exp_q : B_\varepsilon(0) \subset T_q M \to M$ definita da

$$\exp_q(v) = \gamma(1, q, v) \, .$$

Sia $p \in M$ e $\{e_i\}_{i=1,\dots,n}$ una base ortonormale di $T_p M$. Le *coordinate normali* di un punto q sono le coordinate $(u_1, \dots, u_n)$ tali che

$$q = \exp_p \left(\sum_i u_i e_i \right) \, .$$

In queste coordinate le geodetiche per p sono date da equazioni lineari.

Stavolta però, tutto il ragionamento non sembra così campato per aria. Infatti esso sembra adattarsi molto bene al nostro universo, se lo guardiamo con gli occhi di Albert Einstein e della sua teoria dello spazio curvo. Nel nostro universo non si può andare "dritti", perché le masse che incontriamo lungo il cammino (stelle, pianeti, ecc.) ci fanno deviare attraendoci con la loro forza gravitazionale. E allora, perché non supporre di poter andare dritti e "incurvare" il nostro universo tridimensionale lungo una quarta dimensione così come prima avevamo incurvato una pianura in una collina?

Geometria algebrica

Ok, non dico più niente su questo argomento,
mi sembra sufficientemente oscuro.

Prof. R. Natalini

(1) I geometri algebrici... Piacerebbe sapere anche a me cosa fanno!

(1) [1] Sia V uno spazio vettoriale di dimensione n su $\mathbb{K}$, si definisce il *fibrato tautologico lineare* sulla Grassmaniana $G(s, V)$ come

$$S = \{(W, v) \in G(s, V) \times V | v \in W\}.$$

Denotiamo inoltre con $p : S \to G(s, V)$, $q : S \to V$ le proiezioni sui fattori. Diremo che un morfismo $\phi : X \to Y$ di varietà algebriche è localmente un prodotto con fibra Z se esiste un ricoprimento aperto $Y = \bigcup U_i$ e isomorfismi $h_i : \phi^{-1}(U_i) \to U_i \times Z$ tali che p è localmente la composizione di h_i e della proiezione sul primo fattore. I morfismi localmente prodotto sono aperti e stabili per cambio di base.

---

[1] Da Marco Manetti, Corso introduttivo alla Geometria Algebrica, appunti. Scuola Normale Superiore, Pisa, 1998.

Lemma S è un chiuso di $G(s, V) \times V$ e $p : S \to G(s, V)$ è localmente un prodotto a fibra $\mathbb{K}^s$.

Proposizione Sia T una varietà quasiproiettiva e $X \subset \mathbb{P}^n \times T$ un chiuso, denotiamo con X_t la fibra di X sopra il punto $t \in T$. Il sottoinsieme

$$H = \{(W, t) \in G(s, \mathbb{P}^n) \times T \mid W \subset X_t\}$$

è un chiuso in $G(s, \mathbb{P}^n) \times T$.

Dimostrazione La proiezione $p : Z \times T \to G(s, \mathbb{P}^n) \times T$ è localmente prodotto e quindi aperta, chiaramente H è il complementare di $p(Z \times T - G(s, \mathbb{P}^n) \times X)$.

Siano $x_0, ..., x_n$ coordinate omogenee su $\mathbb{P}^n$ e $S_d \subset \mathbb{K}[x_0, ..., x_n]$ il sottospazio vettoriale dei polinomi omogenei di grado d; il proiettivizzato $\mathbb{P}(S_d)$ può essere pensato come lo spazio delle ipersuperfici proiettive di grado d in $\mathbb{P}^n$. Sia

$$X_d = \{([F], [x_0, ..., x_n]) \in \mathbb{P}(S_d) \times \mathbb{P}^n \mid F(x_0, ..., x_n) = 0\} \ .$$

X_d è chiaramente un chiuso, lasciamo come esercizio di dimostrare che X_d è una ipersuperficie liscia irriducibile di bigrado $(1, d)$.

8

Analisi numerica

Gli analisti numerici risolvono i problemi che gli altri matematici non riescono a risolvere. Ci riescono quasi sempre, ma il prezzo da pagare è che la soluzione trovata non è quasi mai completamente esatta. Questo fa sì che certi matematici non si rivolgano mai agli analisti numerici per un aiuto, una soluzione approssimata non li soddisferebbe. Gli ingegneri invece ricorrono spesso agli analisti numerici. Infatti se il risultato del calcolo deve fornire il peso ottimale dei piombini di ferro da usare in una costruzione edilizia, non è molto importante se il risultato sia 112,567 grammi oppure 112,568 grammi, in commercio esistono solo piombini da 100 o 150 grammi.

(1) Uno dei più famosi esempi di problema insolubile in modo esatto con le tecniche matematiche note è il cosiddetto problema dei tre corpi, che può essere enunciato così:

> Date la posizione e la velocità di Terra, Sole e Luna in questo momento, prevedere il loro moto nel futuro.

---

(1) Siano $x_S(t)$, $x_T(t)$ e $x_L(t)$ rispettivamente le posizioni del Sole, della Terra e della Luna al tempo t. Siano M_S, M_T e M_L le loro

masse. L'equazione del moto è

$$\begin{cases} \ddot{x}_S(t) = GM_T \dfrac{x_T - x_S}{\|x_T - x_S\|^3} + GM_L \dfrac{x_L - x_S}{\|x_L - x_S\|^3} \\[2ex] \ddot{x}_T(t) = GM_S \dfrac{x_S - x_T}{\|x_S - x_T\|^3} + GM_L \dfrac{x_L - x_T}{\|x_L - x_T\|^3} \\[2ex] \ddot{x}_L(t) = GM_S \dfrac{x_S - x_L}{\|x_S - x_L\|^3} + GM_T \dfrac{x_T - x_L}{\|x_T - x_L\|^3} \, . \end{cases}$$

(2) L'analista numerico riscrive il problema in modo diverso. Lo scopo è trovare una sequenza di calcoli (algoritmo) *non* infinita in cui compaiono solo le quattro operazioni di addizione, sottrazione, moltiplicazione e divisione. I calcoli, se eseguiti tutti correttamente e nel giusto ordine, avranno come risultato la soluzione approssimata del problema. In generale il numero di calcoli richiesto è enorme (più di un milione) e, diabolicamente, è tanto più grande quanto lo è la precisione voluta nella soluzione. Il problema così trasformato viene detto *discreto*.

(2) L'equazione differenziale $\dot{x}(t) = f(x(t)), x \in \mathbb{R}^n$, può essere discretizzata partendo dal fatto che

$$\dot{x}(t) \approx \frac{x(t+h) - x(t)}{h}, \quad \text{per } h > 0 \text{ piccolo} \, ,$$

da cui si ricava

$$x(t+h) = x(t) + hf(x(t)) \, .$$

Data la condizione iniziale $x(t = 0)$ si può quindi ricavare il valore approssimato di x agli istanti $t + nh, n = 1, 2, \dots$

Fatto questo, il problema diventa… chi fa i calcoli?

Prima dell'invenzione del computer, alcuni scienziati particolarmente coraggiosi hanno passato mesi a fare calcoli per risolvere i loro problemi, dopo averli trasformati in problemi discreti. Gli astronomi soprattutto, erano famosi per la mole di calcoli che dovevano fare ogni giorno. Come è ovvio, la maggior parte dei problemi discreti è semplicemente rimasta chiusa in un cassetto, in attesa di tempi migliori. Il computer è stato inventato proprio allo scopo di velocizzare e automatizzare i calcoli, tanto è vero che le prestazioni di un computer vengono misurate in *flops* (numero di operazioni al secondo). Internet è venuto solo in un secondo momento...

Come era prevedibile, grazie al computer l'analisi numerica è decollata, diventando sempre più importante e in certi casi addirittura insostituibile.

Dopo aver ricavato il problema discreto, l'analista numerico si preoccupa di analizzarlo nel dettaglio.

(3) Quante operazioni servono per arrivare alla soluzione? Anche se sappiamo essere un numero non infinito, è preferibile sapere esattamente quante sono. E poi, qual è il tempo impiegato da un computer di oggi a calcolare la soluzione?

---

(3) Sia p il numero di operazioni in virgola mobile necessarie alla valutazione di $f(x)$. Allora il calcolo di $x(t + nh)$ in (2) richiede $n(p+2)$ operazioni. Se l'algoritmo è eseguito da un computer da q flops, il tempo di CPU richiesto è $n(p + 2)/q$ secondi.

---

(4) La soluzione approssimata è sufficientemente vicina alla soluzione esatta? Si può stimare questa vicinanza? Una domanda quasi filosofica: cosa vuol dire "vicinanza" tra due soluzioni? Su quest'ultimo punto la matematica ha fatto passi da gigante negli ultimi duecento anni. Come accennato nel capitolo 4 dedicato all'analisi funzionale, si è dovuto estendere il concetto di distanza tra due punti (quella misurata col righello, per intenderci) a quello più astratto di distanza tra punti in uno spazio a più dimensioni, tra traiettorie di due oggetti, tra *leggi* che legano delle quantità, tra *leggi* che legano delle traiettorie, ecc.

---

(4) Sia $\bar{y}$ la soluzione approssimata di

$$\begin{cases} y'(x) = f(y), & x \in [a, b] \\ y(0) = y_0 \end{cases}$$

calcolata con il metodo di Eulero esplicito di passo h.

Denotiamo con $x_n = a + nh$ l'n-esimo nodo dell'intervallo $[a, b]$. Sia $f \in C^1$ e lipschitziana di costante L. Sia inoltre $M = \max_{x \in [a,b]} |y''(x)|$. Allora si ha

$$|\tilde{y}(x_n) - y(x_n)| \leq e^{L(x_n - a)} \left(\frac{Mh}{2L} \right), \quad n > 0.$$

(5) Cosa succede se commetto un piccolo errore nel definire i dati iniziali del problema, per esempio nella posizione della Terra? La soluzione approssimata rimane comunque vicina a quella esatta o perdo completamente ogni stima sulla precisione della soluzione?

(5) Supponiamo verificate le ipotesi in (4). Sia $\tilde{y}(0) \neq y_0$ il dato iniziale approssimato usato per inizializzare il metodo di Eulero. Si ha

$$|\tilde{y}(x_n) - y(x_n)| \leq e^{L(x_n - a)} \left(|\tilde{y}(0) - y_0| + \frac{Mh}{2L} \right), \quad n > 0.$$

(6) Sebbene nella maggior parte dei casi la sequenza di calcoli sia strutturata in modo tale che "più calcoli si fanno più la soluzione è accurata", non sempre le cose vanno nel verso giusto. Può accadere che aumentando il numero dei calcoli la soluzione finale perda completamente di precisione. Un vero incubo, dal quale molti analisti numerici non si sono ancora risvegliati. Il motivo risiede nel fatto che ogni calcolo di cui è composta la sequenza produce un piccolo errore nella soluzione finale. All'aumentare dei calcoli, l'errore commesso da ognuno di essi diminuisce, ma il numero complessivo degli errori aumenta. La questione diventa quindi estremamente complessa: è meglio avere come errore totale la somma di pochi numeri grandi o di tanti numeri piccoli? Questa è una di quelle domande di fronte alle quali i matematici non sanno resistere.

(6) Supponiamo verificate le ipotesi in (4). Sia ζ_i l'errore di arrotondamento commesso dalla macchina a ogni passo.

Allora, definendo $\zeta = \max_{1 \le i \le n} \zeta_i$ si ha

$$|\bar{y}(x_n) - y(x_n)| \le e^{L(x_n - a)} \left[|\zeta_0| + \frac{1}{L} \left(\frac{Mh}{2} + \frac{\zeta}{h} \right) \right], \quad n > 0 .$$

L'errore quindi non tende a zero al tendere di h a zero. Esiste un h^* ottimo in corrispondenza del quale l'errore risulta minimo.

(7) Nel capitolo 3 dedicato agli spazi a più dimensioni abbiamo visto con quale naturalezza i matematici ragionino in spazi astratti, riuscendo così a riportare una serie di problemi differenti a uno solo. L'analista numerico è l'unico tra tutti i matematici che di fronte a un problema da risolvere in uno spazio di dimensione alta viene percorso da un brivido lungo la schiena. Il malessere è talmente diffuso che in letteratura si parla di "maledizione della dimensione". Questo tipo di difficoltà si incontra spesso nei problemi di controllo ottimo descritti nel capitolo 2: per esempio, per controllare la traiettoria di una navicella spaziale in un viaggio interplanetario si deve lavorare in uno spazio a sei dimensioni (tre per la posizione della navicella e tre per la sua velocità). Il problema discreto associato richiederebbe non meno di 1000 operazioni per ognuno dei 1000 istanti in cui dividiamo la durata del viaggio su ognuno dei $(1000)^6$ punti in cui dividiamo la parte del cosmo interessata. Il tutto fa 1.000.000.000.000.000.000.000.000 di operazioni, che, ahimé, sono veramente troppe, anche per un super computer.

(7) Nei problemi affetti dalla "maledizione della dimensione" il costo computazionale cresce esponenzialmente con la dimensione, rendendo di fatto impossibile la loro risoluzione al calcolatore in dimensione alta (a volte già la dimensione 3 è intrattabile).

(8) L'analisi numerica è molto usata quando si ha bisogno della giusta intuizione per risolvere un problema, per esempio quando vi affacciate alla finestra di casa vostra e guardate giù nel cortile due ragazzi che giocano ad acchiapparello: il primo rincorre il secondo,

che cerca di non farsi prendere. Osservate le loro strategie di gioco e vi chiedete: "Il giocatore che scappa può riuscire a sfuggire la cattura per sempre?". Il matematico sa che per rispondere alla domanda deve dimostrare un teorema. Fissa con esattezza le ipotesi (posizioni iniziali, tipo di moto e velocità dei due giocatori, forma del cortile, ecc.) e poi cerca di dimostrare che la cattura è possibile o impossibile. La difficoltà risiede nel fatto che la tecnica della dimostrazione è diversa a seconda se si voglia dimostrare una cosa oppure l'altra. In altre parole, il matematico si trova di fronte a una scelta: "Provare a dimostrare che la cattura è possibile o che è impossibile?". Se sceglie di dimostrare che la cattura è possibile e fallisce, non avrà dimostrato che essa è impossibile. Semplicemente, egli sarà al punto di partenza. L'intuizione quindi gioca un ruolo fondamentale all'inizio dello studio, perché essa permette al matematico di farsi un'idea della verità senza avere ancora dimostrato nulla rigorosamente.

L'analisi numerica può aiutare molto in questo: simulando il problema al computer e calcolando molte traiettorie di gioco, ci si può facilmente fare un'idea su come vanno le cose e intraprendere da subito la strada più promettente.

Immagino che la curiosità di sapere la soluzione del problema dell'acchiapparello vi stia logorando, vi svelerò quindi l'arcano: se l'inseguitore corre più velocemente dell'inseguito, allora la cattura è sempre possibile; la stessa cosa accade se i due corrono alla stessa velocità, a patto che nel cortile non ci sia una fontana al centro. Se è l'inseguito a correre più velocemente, il problema è aperto (se volete provare… l'analisi numerica suggerisce che la cattura sia possibile solamente a partire da alcune posizioni iniziali).

(8) Due giocatori A e B sono confinati in un dominio $\Omega \subseteq \mathbb{R}^2$. Essi possono muoversi in ogni direzione con velocità v_A e v_B rispettivamente. Lo scopo di A è di raggiungere B nel più breve tempo possibile, lo scopo di B è quello di non farsi raggiungere. Indichiamo con $x_A(t)$ e $x_B(t)$ le posizioni al tempo t di A e B rispettivamente. Fissato $\varepsilon \geq 0$, diciamo che A ha raggiunto B al tempo T se $|x_A(T) - x_B(T)| \leq \varepsilon$. T è detto *tempo di cattura*.

Teorema

(i)   Se $v_A > v_B$ allora esiste una strategia di gioco (non necessariamente ottimale) per A tale che $T = \frac{|x_A(0) - x_B(0)|}{v_A - v_B}$ qualunque cosa faccia B.

(ii) Se $v_A = v_B$ e $\Omega = \mathbb{R}^2$ esiste una strategia per B tale che $T = +\infty$.

(iii) Se $v_A = v_B$, Ω è limitato e convesso e $\varepsilon \neq 0$, allora esiste una strategia di gioco per A tale che T è finito qualunque cosa faccia B.

Congettura Se $v_A < v_B$, Ω è limitato e convesso e $\varepsilon \neq 0$, allora esistono delle condizioni iniziali di gioco $x_A(0)$ e $x_B(0)$ e una strategia per A per le quali il tempo di cattura è finito qualunque cosa faccia B. Queste condizioni iniziali non coprono tutto il dominio Ω.

(9) Talvolta invece succede esattamente il contrario. L'analisi numerica corregge l'intuizione (sbagliata) che il matematico aveva su un problema. Mi è capitato una volta mentre ero alle prese con un problema di controllo ottimo in cui cercavo di calcolare la quantità minima di carburante necessaria a un lanciatore spaziale per portare un satellite artificiale in orbita intorno alla Terra. Il problema è particolarmente complesso perché consiste di quattro parametri (altitudine, velocità, inclinazione del lanciatore e massa) di cui bisogna prevedere i valori a ogni istante a partire dal momento del lancio. Il problema è quindi riformulato in uno spazio a quattro dimensioni. Inoltre, la massa del lanciatore subisce delle brusche variazioni nel momento in cui i serbatoi del carburante si svuotano e vengono sganciati. Altre complicazioni nascono dal fatto che il lanciatore, per evitare di spezzarsi, non può inclinarsi più di un certo angolo finché si trova nell'atmosfera terrestre, e che la potenza del motore non è completamente nota ma è data in forma approssimata da alcune tavole di referenza (in altre parole, gli ingegneri prima lanciano i missili e poi misurano la potenza del motore, e non viceversa come sarebbe auspicabile).

(9) Il problema consiste nel minimizzare la massa iniziale (e quindi la quantità di carburante) di un lanciatore affinché esso riesca a portare un carico utile prefissato in orbita geostazionaria. Le variabili del modello sono $(m, r, v, \gamma) \in \mathbb{R}^4$, corrispondenti rispettivamente a massa, altitudine, modulo della velocità e angolo tra il vettore velocità e la retta congiungente il centro della Terra con il lanciatore; α è il controllo da ottimizzare e può essere regolato modificando la direzione di spinta del motore. Indichiamo con $f \in \{1, 2, 3\}$ la fase del lancio (booster accesi, solo motore principale acceso, solo motore secondario acceso). La dinamica del lanciatore è

$$\begin{cases} \dot{r} = v \cos\gamma \\[2mm] \dot{v} = -\dfrac{GM}{r^2}\cos\gamma - \dfrac{F_D(r, v)}{m} + \dfrac{F_T(r, v, f)}{m}\cos\alpha \\[2mm] \quad + \Omega^2 r \cos\gamma \\[2mm] \dot{\gamma} = \sin\gamma\left(\dfrac{GM}{vr^2} - \dfrac{v}{r}\right) - \dfrac{F_T(r, v, f)}{vm}\sin\alpha \\[2mm] \quad - \Omega^2 \dfrac{r}{v}\sin\gamma - 2\Omega \\[2mm] \dot{m} = -b(f) \end{cases}$$

dove F_D è l'attrito dell'aria, F_T è la spinta del motore, b è il consumo di carburante per unità di tempo, M è la massa della Terra e Ω è la velocità di rotazione della Terra. In corrispondenza dei cambiamenti di fase i serbatoi di carburante vuoti vengono distaccati, causando una discontinuità nella massa del lanciatore. L'angolo α deve inoltre rispettare un vincolo della forma $Q(r, v, \gamma, \alpha) < 0$.

(10) Tutti questi problemi sono decisamente troppi per essere risolti contemporaneamente e ho quindi saggiamente deciso di seguire la strada maestra della scienza, che insegna a semplificare e separare i problemi (*divide et impera* dicevano i latini). Sono partito quindi da una problema molto semplificato, in cui il lanciatore doveva semplicemente raggiungere un'altitudine prefissata, senza mettersi in orbita, senza sganciare i serbatoi vuoti e senza

preoccuparsi dello spezzamento. La soluzione del problema semplificato è facilmente calcolabile a mano e mi sembrava un buon test iniziale per il mio algoritmo. Il primo passo consisteva quindi nel tradurre il problema in un numero *non* infinito di operazioni e di insegnare al computer a eseguirle nel giusto ordine.

(10) Problema semplificato: minimizzare la massa iniziale affinché il lanciatore riesca a portare un carico utile a un'altezza ≥ 3, senza considerare il cambiamento di fase e senza possibilità di controllo sulla dinamica del sistema. La dinamica semplificata è

$$\begin{cases} \dot{r} = v \\ \dot{v} = \dfrac{F_T}{m} - \dfrac{1}{r^2} \\ \dot{m} = -b \, . \end{cases}$$

La soluzione può essere ottenuta tramite il principio di programmazione dinamica, risolvendo un'opportuna EDP associata al problema.

(11) Dopo qualche tempo sono riuscito ad avere dal computer una strana figura che, se correttamente interpretata, mi avrebbe fornito la soluzione del problema. A una prima occhiata sembrava essere tutto giusto. Se il lanciatore partiva da Terra con velocità zero, esso arrivava all'altezza voluta nel tempo atteso. Ma la strana figura che avevo sotto gli occhi mi diceva molto di più. Essa mi dava la quantità minima di carburante per arrivare all'altitudine prefissata anche nel caso in cui il lanciatore fosse partito già da una certa altitudine, oppure nel caso in cui esso fosse partito già con una certa velocità (ipotesi fisicamente impossibile ma matematicamente valida). In quest'ultimo caso la strana figura mi diceva che se la velocità iniziale del lanciatore era superiore a una certa soglia, il carburante necessario per arrivare all'obiettivo era maggiore di quello necessario nel caso di una partenza con velocità zero! La cosa era contraria all'intuizione perché una velocità maggiore alla partenza avrebbe dovuto facilitare il raggiungimento dell'obiettivo, e non ostacolarlo. C'era quindi un errore nell'algoritmo che andava trovato. Dopo qualche ora passata alla ricerca dell'errore, ho capito l'arcano. Semplicemente … non c'era nessun errore. Il problema

era che per avere un algoritmo che consistesse di un numero *non* infinito di passi, avevo dovuto necessariamente fissare una velocità massima alla quale fosse lecito raggiungere l'altezza prefissata. Di conseguenza, se alla partenza il lanciatore possedeva già una grande velocità, esso doveva essere zavorrato per non arrivare all'obiettivo con una velocità superiore a quella consentita. La massa di carburante che il computer mi richiedeva non serviva quindi a tenere acceso il motore, ma semplicemente ad appesantire il lanciatore!

(11) Nella Fig. 8.1 sono mostrate le curve di livello della funzione $m^*(r, v)$ che rappresenta la massa minima necessaria al lanciatore in funzione del punto (r, v) di partenza. La soluzione è fortemente influenzata dalle condizioni al bordo imposte sul quadrato nel quale è calcolata la soluzione, e in particolare dal fatto che la velocità massima del lanciatore debba sempre rispettare il vincolo (non richiesto) $v \leq 4$.

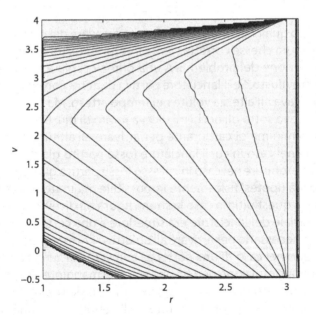

Fig. 8.1. Curve di livello di $m^*(r, v)$

Mi sono reso conto di aver perso il controllo dell'algoritmo che io stesso avevo creato, e che al suo interno c'era molto di più di quello per cui esso era stato scritto. E questo è successo perché gli strumenti matematici che avevo utilizzato erano più potenti di quanto io potessi immaginare. L'algoritmo quindi mi aveva dato molte più risposte di quelle che cercavo. Inoltre, le risposte che non cercavo erano più giuste di quelle che avrei dato io! La situazione era paradossale, avevo insegnato al computer a risolvere un problema e ora il computer insegnava a me come risolverne un altro più complesso!

Questa situazione è tipica di tutte le branche della matematica. Si definisce un ente matematico al fine di risolvere un problema e poi si passano anni a studiare le cose nascoste in quella definizione, scoprendo implicazioni assolutamente al di là di quelle per cui l'ente era stato definito all'origine.

Calcolo delle probabilità

*Ci sono molti modi per usare una moneta oltre che spenderla.
In questo corso le monete si lanciano.*

Prof. L. Bertini

*– Lei non sa come funziona il Lotto?
– No.
– Mi vuole dire che non ha mai visto "Il Lotto alle otto"?
– No.
– Beh, questo le fa onore...*

Prof.ssa G. Nappo

Il calcolo delle probabilità è molto più di una materia da studiare. È una vera e propria arma, che può anche uccidere. Per questo motivo esso dovrebbe essere studiato in tutte le scuole e a tutti i livelli, e la conoscenza delle sue regole basilari dovrebbe indicare il grado di civilizzazione di un popolo. Ognuno di noi dovrebbe conoscerlo per difendersi dagli attacchi alla propria intelligenza e al proprio patrimonio, e per rimanere lontano da situazioni pericolose.

(1) Un bambino gioca con un dado. Lo scopo è ovviamente di indovinare che numero uscirà a ogni lancio. Nessuno è in grado di prevedere il numero che uscirà, nemmeno il più grande studioso di calcolo delle probabilità. E nessuno è in grado di prevedere il numero che uscirà al secondo lancio, né al terzo, né al quarto. Quello che si può prevedere è che dopo mille lanci il bambino avrà indovinato circa 167 volte (cioè 1000 diviso 6), e dopo un milione di lanci il bambino avrà indovinato circa 166.667 volte (cioè 1.000.000 diviso 6). La famosa *legge dei grandi numeri*, spesso citata a sproposito

in TV da sedicenti esperti, dice che la differenza tra il numero di volte che il bambino indovina e il numero "ideale"

$$\frac{\text{numero dei lanci}}{6}$$

è piccola se confrontata con il numero dei lanci.

Dopo qualche anno il bambino cresce, le regole cambiano, ed entrano in gioco i soldi. Ora i giocatori sono due, il ragazzo e il banco. Il ragazzo scommette un euro sull'uscita di un numero, e il banco gliene dà sei se il numero esce. Se il ragazzo gioca una volta sola, può perdere un euro o vincerne cinque (allettante), se gioca due volte, può perdere due euro o vincerne dieci (ancora più allettante). Se gioca due volte ma ha perso alla prima giocata, può perderne due o vincerne quattro (abbastanza allettante). Nessuno può sapere cosa succederà, ma come prima, quello che è sicuro è che se il ragazzo giocherà mille volte vincerà o perderà una cifra modesta in confronto agli euro giocati.

(1) Sia $\{E_n\}_{n=1,2,\dots}$ una successione di eventi indipendenti tali che $\mathbb{P}(E_n) = p$, $0 \leq p \leq 1$. Sia A_n il numero di eventi che si verificano tra i primi n della successione. Allora si ha

$$\frac{A_n}{n} \xrightarrow{\;\mathbb{P}\;} p \quad \text{per } n \to +\infty \,.$$

(2) Ma poi il ragazzo cresce e diventa maggiorenne, e può finalmente entrare in un vero casinò. Sfortunatamente si imbatte in persone che non hanno così tanto tempo da perdere per fare il banco in un gioco dove alla fine si vince o si perde poco. Stavolta il banco metterà delle regole leggermente diverse. Se la scommessa è perduta, il banco incassa l'euro, se invece è vinta, il banco paga cinque volte la posta, e non più sei come quando era giovane e spensierato. Ora, se il giocatore gioca una volta sola, può perdere un euro o vincerne quattro (allettante), se gioca due volte, può perdere due euro o vincerne otto (ancora più allettante). Se gioca due volte ma ha perso alla prima giocata, può perderne due o vincerne tre (abbastanza allettante). Nessuno può sapere cosa succederà, ma quello che è sicuro è che se il giocatore scommetterà mille volte perderà circa 167 euro, spicciolo più spicciolo meno. Un gioco come questo viene detto *non equo*, non perché sia truccato

(le regole sono chiare e sempre rispettate), ma perché garantisce una vincita al banco su un gran numero di giocate. Per contro, garantisce una perdita per il giocatore che – come il banco – gioca un gran numero di volte.

---

(2) Sia $\{E_n\}_{n=1,2,\dots}$ una successione di prove ripetute (giocate) indipendenti tali che $\mathbb{P}(E_n) = p, 0 \leq p \leq 1$. Siano rispettivamente v e s la vincita e la perdita del banco in caso si verifichi o non si verifichi il generico evento E_n. Sia A_n il numero di vincite del banco dopo n giocate. Sia V_n la vincita del banco dopo n giocate. Si ha

$$V_n = vA_n - s(n - A_n) = 2sA_n - sn + (v - s)A_n$$

da cui

$$\frac{V_n}{n} = 2s\frac{A_n}{n} - s + (v - s)\frac{A_n}{n}$$

e quindi

$$\frac{V_n}{n} \xrightarrow{\mathbb{P}} 2sp - s + (v - s)p \quad \text{per } n \to +\infty.$$

Se $s < \frac{vp}{1-p}$ si ha $2sp - s + (v - s)p > 0$ e dunque sotto questa condizione si ha

$$\mathbb{P}(V_n > 0) \to 1 \quad \text{per} \quad n \to +\infty,$$

cioè una vincita positiva sicura per il banco.

Quello che la gente spesso non sa è che i giochi d'azzardo come il Lotto, il videopoker, le lotterie e la roulette sono *tutti* giochi non equi. E lo sono perché il banco (lo Stato o il proprietario del casinò) non ha alcuna voglia di mettere a rischio i propri soldi, ma vuole soltanto guadagnare. Di conseguenza, se non si conoscono queste regole basilari, si rischia di perdere la ragione e farsi trascinare dal gioco, sebbene il meccanismo sia chiarissimo: *più si gioca, più si perde*.

Ma non è finita qui. Innumerevoli sono i trucchi che i conoscitori del calcolo delle probabilità usano per ingannare chi ne ignora le regole basilari.

(3) Per attirare i giocatori non c'è inganno che funzioni meglio dei "numeri ritardatari".

Se il numero 15 non esce sulla ruota di Roma da un gran numero di estrazioni allora c'è una grande probabilità che esca alla prossima estrazione.

La dimostrazione? Semplice, il numero alla fine esce! Peccato che i numeri ritardatari non hanno alcuna probabilità in più degli altri numeri di uscire. Nel gioco del Lotto, ogni numero è uguale all'altro, a ogni estrazione, qualsiasi cosa sia successa alle estrazioni precedenti. Sono sicuro che potrei scrivere pagine intere per convincervi di questo, ma non riuscirei nell'intento perché è troppo controintuitivo. Tenterò quindi un'altra strada, che vi dovrebbe almeno far venire un dubbio. Spesso nelle aree di servizio in autostrada o nelle tabaccherie si vede un cartello con scritto "Qui sono stati vinti 100.000 euro al Superenalotto!!!". Il gestore lo scrive per convincerci che la sua ricevitoria è fortunata e che giocando da lui avrete più possibilità di vincere. La cosa può anche sembrare ragionevole, ma confrontiamola con la questione dei numeri ritardatari: se siamo tutti convinti che un numero ritardatario ha grande probabilità di uscire, allora deve essere vero anche l'opposto, cioè che è quasi impossibile che esca di nuovo un numero che è appena stato estratto. Quindi, ricapitolando, non bisogna giocare un numero appena estratto ma bisogna giocare nella ricevitoria che ha appena venduto la giocata vincente. A me sembra un po' contraddittorio.

> (3) Nel gioco del Lotto le estrazioni dall'urna sono eventi indipendenti in quanto ogni estrazione non è influenzata in alcun modo dalle precedenti.

Nel gioco della roulette, lo specchietto per le allodole funziona allo stesso modo. A fianco del tavolo c'è un tabellone con la storia degli ultimi numeri usciti. Se è uscito per cinque volte di seguito un numero rosso, sembra naturale pensare che ci siano maggiori probabilità che esca un numero nero. Tutti i giocatori si lanciano sul tavolo e fanno la loro giocata, fieri del loro ragionamento acuto e sicuri di ingannare il banco. Ma si sbagliano, la loro giocata non è più vincente di nessuna altra giocata fatta in qualsivoglia altro momento. Può essere che il banco vinca o perda, poco importa. L'importante è che tante persone giochino, sui grandi numeri il banco vince sempre.

Ma se il banco ha vita facile con le persone comuni, deve vedersela con i probabilisti, che hanno studiato a fondo i modi per vincere alla roulette. E alla fine l'hanno trovato! Si punta sempre sul rosso, cominciando con un euro. Se si perde, si puntano due euro. Se si perde ancora, si puntano quattro euro, e così via. In generale, si raddoppia sempre l'ultima puntata fatta finché non si vince per la prima volta (prima o poi si vince...). Arrivati a questo punto si è guadagnato un euro, qualsiasi sia il numero di giocate (perse) fatte prima di vincere. Questo sistema garantisce una vincita modesta, ma sicura. Si può quindi ricominciare a giocare con la medesima tecnica, per tutta la giornata, fino a mettere da parte una bella somma, con grosso disappunto del gestore del casinò. Ma, guarda caso, esistono solo due regole per giocare alla roulette: una puntata minima e una puntata massima. Guarda caso, questi due vincoli vi impediscono di raddoppiare la puntata più di un certo numero di volte. Come vedete il gestore del casinò sembra conoscere molto bene le nozioni elementari del calcolo delle probabilità. Non c'è scampo, il banco vince sempre.

Se il calcolo delle probabilità fosse solo quello di cui vi ho parlato, i matematici se ne sarebbero disinteressati da un bel pezzo. Dunque, sbarazziamoci di questi giochetti da bottega, buoni per mandare avanti un casinò o per far pagare qualche tassa in più ai cittadini, e riprendiamo le *leggi* del capitolo 4 dedicato all'analisi funzionale.

(4) Per esempio, consideriamo la *legge* che associa la quantità di benzina consumata ai chilometri percorsi. Stavolta però, aggiungiamo un margine di incertezza. Per esempio, ogni 20 chilometri si consuma una quantità di benzina imprecisata compresa tra 0,5 e 1,5 litri. Questa è una nuova *legge* che ha la particolarità di non assumere un valore esatto in corrispondenza ai chilometri percorsi, ma di ammettere invece un intervallo di possibilità.

(4) Dato uno spazio degli eventi Ω su cui è definita una misura di probabilità, una variabile aleatoria è una funzione misurabile definita su Ω a valori in $\mathbb{R}$.

(5) Ma quello che più interessa è come sia effettivamente distribuita la probabilità all'interno dell'intervallo 0,5–1,5. È certo che il consumo sarà compreso tra le quantità 0,5 e 1,5, ma ci si può chie-

dere, per esempio, se è più probabile che sia maggiore o minore di 1. E poi, se è più probabile che sia compreso nell'intervallo 0,5–0,6 (margine sinistro dell'intervallo) oppure nell'intervallo 1,4–1,5 (margine destro dell'intervallo), e così via. La *legge* che associa a un sotto-intervallo di 0,5–1,5 la sua probabilità è a sua volta una *legge* che appassiona il probabilista. Egli studia questo tipo di *leggi*, le cataloga e dà loro un nome come fossero degli animali rari. Nello zoo del probabilista troviamo la *legge* beta, binomiale, chi quadro, geometrica, ipergeometrica, di Cauchy, di Pascal, di Poisson, esponenziale, gamma, normale, lognormale, uniforme, ecc. La *legge* normale è forse la più nota, l'unica che ogni tanto arriva al grande pubblico. Se all'interno dell'intervallo 0,5–1,5 la probabilità è distribuita secondo la *legge* normale, vuol dire che la massima probabilità si ha in corrispondenza del punto centrale dell'intervallo (cioè 1 litro) e diminuisce man mano che ci si avvicina agli estremi dell'intervallo.

---

(5) Sia *X* una variabile aleatoria. La *funzione di distribuzione* è una funzione $F : \mathbb{R} \to [0, 1]$ definita da $F(x) = \mathbb{P}(X \leq x)$.

Una funzione misurabile $f(x) \geq 0$ è detta *densità di probabilità* se per ogni sottoinsieme misurabile $C \subseteq \mathbb{R}$ si ha

$$\mathbb{P}(X \in C) = \int_C f(x)dx .$$

Esempio. La variabile aleatoria *normale* di media μ e varianza σ^2 è caratterizzata dalla densità di probabilità

$$f(x) = \frac{1}{\sigma\sqrt{2\pi}} e^{-\frac{(x-\mu)^2}{2\sigma^2}} .$$

---

(6) Ma la cosa più folle è la seguente. Un giorno qualcuno si è accorto che la probabilità ha tutte le proprietà che caratterizzano un modo di misurare. Vi faccio un esempio un po' scemo ma convincente: stendete per terra un tappeto metà rosso e metà nero di 100 cm^2 di area. Lanciate sul tappeto una pallina in maniera casuale, in modo tale però che finisca sicuramente sul tappeto. Così facendo, avete il 50% di probabilità di lanciare la pallina sulla parte rossa, la cui area è proprio 50 cm^2. Se la parte rossa occupa sola-

Fig. 9.1. Lo spazio degli eventi

mente 10 cm^2 (cioè un decimo dell'intero tappeto), la probabilità di far cadere la pallina su di essa è proprio del 10%. È chiaro quindi che la misura in centimetri quadrati della parte rossa equivale alla probabilità che la pallina ci finisca sopra. Ecco così spiegata l'analogia tra misura e probabilità. Non resta altro da fare che cambiare il tappeto in qualcosa dal sapore più matematico... Per esempio sostituirlo con uno strano spazio astratto dove ogni punto è un *evento*, cioè un qualcosa che puo accadere oppure no (vedi Fig. 9.1). La probabilità di un evento ("lancio il dado ed esce sei") o di un insieme di eventi ("lancio il dato ed esce tre o sei") è semplicemente l'area di una certa regione nello spazio degli eventi calcolata con un opportuno righello e una opportuna unità di misura. In un certo senso, i probabilisti pensano al calcolo delle probabilità come il resto del mondo pensa alla geometria. Stupefacente, oserei dire.

---

(6) Sia Ω un insieme e sia $\mathcal{A}$ una σ-algebra su Ω. μ è una *misura* se

(i) $\forall A \in \mathcal{A}, \mu(A) \geq 0$.

(ii) $\mu(\emptyset) = 0$.

(iii) Sia $\{E_i\}_{i=1,2,...}$ una successione di insiemi a due a due disgiunti in $\mathcal{A}$. Allora $\mu\left(\bigcup_{i=1}^{+\infty} E_i\right) = \sum_{i=1}^{+\infty} \mu(E_i)$.

> Se $\mu(\Omega) = 1$, μ è detta una *misura di probabilità* o sempli-
> cemente una *probabilità* e viene indicata con $\mathbb{P}$. La terna
> $(\Omega, \mathcal{A}, \mathbb{P})$ è detta *spazio delle probabilità*.

Ma c'è dell'altro, forse ancora più inaspettato. Un campo dove i
probabilisti si sono sbizzarriti è quello delle analogie tra il mondo
stocastico (dove si ammette un'incertezza) e il mondo deterministico (dove tutto va come previsto). La più grande meraviglia si ha
quando tanti eventi incerti sommati tra loro producono un evento
certo, esattamente come succede al casinò, dove non si sa se un
giocatore vincerà o meno, ma è sicuro che alla fine tutti i giocatori,
nel loro complesso, perderanno.

(7) Uno degli esempi tipici è l'equazione del calore, di cui si
parlava nel capitolo 5 dedicato alle equazioni differenziali. Vi
ricordo che lo scopo è di trovare la temperatura di una placca
metallica nota la temperatura in ogni punto del bordo. Stavolta
siamo interessati alla temperatura di equilibrio della placca, cioè
la temperatura raggiunta in ogni punto dopo un gran lasso di
tempo. Ora, immaginate un piccolo omino in grado di passeggia-
re sulla placca metallica, che abbia deciso di eleggere a propria
dimora il punto della placca di cui volete conoscere la temperatura (per conoscere la temperatura di un altro punto lo faremo
traslocare...). Dopodiché, lanciamo l'omino all'esplorazione della placca lungo un cammino casuale, finché egli non toccherà il
bordo in qualche punto (l'esperimento ricorda il film *The Truman
show*). Poiché la temperatura della placca al bordo è nota, l'omino potrà registrarla su un taccuino e tornare a casa. Chiediamo
poi all'omino di ripetere l'esperimento un gran numero di volte,
idealmente infinite, camminando ogni volta lungo un cammino
casuale e registrando meticolosamente sul taccuino le tempe-
rature dei punti sul bordo in cui è arrivato. Infine, calcoliamo la
media dei valori registrati e avremo la temperatura della placca
nel punto desiderato. Il procedimento ha del miracoloso perché
il valore ottenuto alla fine non è la semplice media delle tempe-
rature dei punti del bordo ma è calcolato tenendo conto della
diversa probabilità che ha l'omino di raggiungere ogni punto del
bordo. In pratica quello che succede è che la somma di tanti processi casuali ha prodotto un risultato di cui si può essere certi.
E il matematico si esalta.

(7) Sia $D \subseteq \mathbb{R}^n$ un insieme aperto connesso e L l'operatore differenziale su $C^2(\mathbb{R}^n)$

$$L = \sum_{i=1}^{n} b_i(x)\frac{\partial}{\partial x_i} + \frac{1}{2}\sum_{i,j=1}^{n} a_{i,j}(x)\frac{\partial^2}{\partial x_i \partial x_j}$$

dove $a_{i,j}(x) = a_{j,i}(x)$ e gli autovalori della matrice $[a_{i,j}(x)]$ sono positivi per ogni x. Date due funzioni ϕ e g consideriamo l'equazione differenziale

$$Lw = -g \text{ in } D$$

con condizione al bordo

$$\lim_{\substack{x \to y \\ x \in D}} w(x) = \phi(y) \quad \text{per ogni} \quad y \in \partial D.$$

Sia $\sigma(x) \in \mathbb{R}^{n \times n}$ tale che $\sigma(x)\sigma^T(x) = [a_{i,j}(x)]$. Sia X_t la soluzione di

$$dX_t = b(X_t)dt + \sigma(X_t)dB_t \qquad (*)$$

dove B_t è il moto browniano n-dimensionale e $X_0 = x \in D$. Sia $\tau_D = \min\{t > 0 : X_t \notin D\}$. Supponiamo che $\tau_D < +\infty$ quasi sicuramente per ogni x. Allora, sotto opportune ipotesi su b_i, $a_{i,j}$, g e ϕ si ha

$$w(x) = \mathbb{E}[\phi(X_{\tau_D})] + \mathbb{E}\left[\int_0^{\tau_D} g(X_t)dt\right]. \qquad (**)$$

Nel caso particolare dell'equazione del calore $\frac{1}{2}\triangle w = 0$ si ha $g = 0$, $b_i = 0$, $[a_{i,j}(x)] = I$ e $X_t = B_t$. Quindi

$$w(x) = \mathbb{E}\left(\phi\left(B_{\tau_D}\right)\right).$$

(8) Il metodo appena descritto, oltre a essere un bell'esempio di ponte tra il mondo stocastico e il mondo deterministico, suggerisce agli analisti numerici (vedi capitolo 8) un metodo di risoluzio-

ne dell'equazione del calore. Sono sufficienti poche righe di codice per programmare un computer e fargli simulare le tante passeggiate dell'omino. L'unico problema sta nel fatto che le passeggiate devono essere veramente casuali affinché il metodo funzioni bene. Se l'omino ha male a un ginocchio e tende ad andare più a destra che a sinistra, il metodo perderà di precisione. È possibile programmare un computer affinché produca una sequenza di numeri veramente casuali? La risposta è no, ma per il momento accontentiamoci. Torneremo sul problema nel capitolo 14 dedicato alla crittografia.

---

(8) Per trovare un valore approssimato di $w(x)$ è sufficiente risolvere con un metodo numerico l'equazione differenziale stocastica (*) un gran numero di volte per realizzazioni diverse del moto browniano (ottenuto attraverso una successione di numeri pseudocasuali) e utilizzare i risultati per valutare l'espressione (**).

Vi è mai capitato tornando a casa di sbagliare strada e scoprire per caso una scorciatoia? Pensavate di fare la strada migliore e invece, allontanandovi da questa, avete scoperto l'esistenza di una strada ancora migliore. Spesso è l'errore – o la casualità – a generare un miglioramento. Le formiche usano questo sistema da milioni di anni per trovare la strada più breve tra cibo e nido. Provate a fare il seguente esperimento: individuate una fila di formiche operosamente intente a portare il cibo al nido, e create una specie di posto di blocco in cui uccidete tutte le formiche che tentano di passare in direzione del nido (la scienza richiede anche esperimenti così crudeli ogni tanto … ma questa è un'altra storia). Se le formiche agissero sempre allo stesso modo, senza lasciare spazio alla casualità, dopo breve tempo la fila si esaurirebbe perché al nido non arriverebbe più l'informazione della presenza di una fonte di cibo. Ma la forza delle formiche sta soprattutto nel loro numero. Nella moltitudine, c'è sempre qualche formica un po' distratta che perde la pista e torna al nido seguendo una strada diversa. Lei non lo sa, ma il suo errore salverà tutta la colonia: infatti, non essendo intercettata al posto di blocco, essa riuscirà ad arrivare al nido indicando alle altre formiche la nuova strada. Ben presto la vecchia fila sparirà e ne apparirà una nuova, e lo scienziato sterminatore rimarrà a bocca aperta.

I probabilisti conoscono bene la forza dell'errore, e la usano in modo utile.

(9) Immaginate di stare su un terreno collinoso, fatto di rilievi e di buche. Il vostro obiettivo è quello di trovare la buca più profonda di tutte, ma sfortunatamente nessun rilievo è abbastanza alto da darvi una visione d'insieme di tutto il terreno. La strategia "scendere sempre" vi porta sicuramente nel fondo di una buca, ma non necessariamente nel fondo della buca più profonda. Ma se modificate questa strategia rendendo ammissibile un errore, che vi permetta ogni tanto di risalire, allora le vostre possibilità di successo saranno molto più alte. Se la possibilità di risalire è grande all'inizio, e poi via via più piccola fino a scomparire, avrete la certezza di raggiungere il fondo della buca più profonda.

Scoperto questo, serve solo un "piccolo" sforzo di astrazione per far diventare il terreno collinoso l'insieme dei modi utilizzati per modificare l'ecosistema del parco del capitolo 2, e sarete dei perfetti matematici.

---

(9) Sia $\Omega \subset \mathbb{R}^n$ lo spazio delle configurazioni ammissibili per un certo sistema. Sia $E : \Omega \to \mathbb{R}$ il funzionale energia associato a ogni configurazione. Il problema consiste nel trovare la configurazione del sistema associata all'energia minima. Il metodo del *simulated annealing* consiste nel generare, a partire da un dato iniziale $x^0 \in \Omega$, una successione di configurazioni $\{x^k\}_{k \in \mathbb{N}} \subset \Omega$ convergente verso un punto di minimo (possibilmente globale) di E. A questo scopo è definita una funzione $T(t)$, detta *temperatura* del sistema al tempo t, tale che T sia strettamente decrescente e $\lim_{t \to +\infty} T(t) = 0$. Dato x^k, viene calcolato, tramite un criterio probabilistico da definire, un possibile nuovo elemento $\bar{x}$ della successione. La probabilità di definire $x^{k+1} = \bar{x}$ è data da una *funzione di accettazione* $P(E(\bar{x}), E(x^k), T(t)) \in [0, 1]$. Essa deve verificare le seguenti proprietà:

(i) $P(E(\bar{x}), E(x^k), T) = 1$ se $E(\bar{x}) < E(x^k)$ per ogni T.

(ii) $P(E(\bar{x}), E(x^k), T) > 0$ se $E(\bar{x}) > E(x^k)$ per ogni T.

(iii) $\lim_{T \to 0} P(E(\bar{x}), E(x^k), T) = 0$ se $E(\bar{x}) > E(x^k)$.

La proprietà (ii) permette di spostarsi verso configurazioni a più alta energia evitando così che la successione resti intrappolata in un minimo locale di E. Grazie alla (iii), la probabilità di spostarsi verso configurazioni energeticamente meno convenienti diminuisce al passare del tempo, fino ad annullarsi.

Sotto opportune ipotesi si può dimostrare che se il "raffreddamento" del sistema avviene in modo sufficientemente lento, la successione $\{x^k\}$ converge a un minimo globale del funzionale E.

10

Calcolo delle variazioni

Il calcolo delle variazioni mostra in pieno la potenza dello strumento matematico. Eccezionalmente, il nome della materia suggerisce cosa facciano i suoi cultori. Il calcolo delle variazioni è effettivamente lo studio della variazione di qualche cosa.

I primi problemi di calcolo delle variazioni si cominciano a vedere già nel corso dell'ultimo anno del liceo scientifico (sotto mentite spoglie, ovviamente). Immaginate di essere finiti in un grande centro di ricerca in cui si progettano viaggi spaziali. Lo studio della forma migliore da dare a un certo componente richiede la soluzione di un problema geometrico, e il direttore del laboratorio pensa di affidare a voi la ricerca della soluzione. Supponiamo che i vostri tentativi di spiegargli che non siete dei matematici si rivelino del tutto vani. In sostanza, siete costretti a cercare di risolvere il seguente problema: nella Fig. 10.1 è disegnato un triangolo di vertici A, B e C. Il vertice A è bloccato. Il vertice B invece può scorrere liberamente sulla retta orizzontale fino a toccare il punto A a sinistra e il punto D a destra. Il vertice C è forzato a stare esattamente sopra B, sulla retta DE tratteggiata. Facendo variare B, ottenete chiaramente un'infinità di triangoli differenti. Tra questi, dovete trovare quello di area massima.

Se siete arrivati a capire il testo siete già a metà strada, vuol dire che il panico da "problema" non vi ha ancora completamente assalito. Ma sicuramente vi assalirà nel momento in cui dovrete cominciare a pensare a una soluzione. "Non lo so!", è l'unica cosa che vi verrà da dire. Ma chi lo sentirà vostro pronipote quando vorrà andare su Marte per i suoi 18 anni?

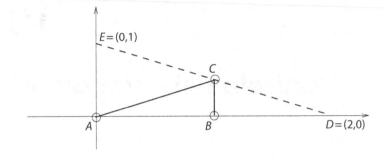

Fig. 10.1. Un problema elementare di calcolo delle variazioni

Se non siete particolarmente avvezzi al ragionamento astratto, potreste provare a risolvere il problema "a tentativi", il classico metodo grazie al quale il mondo è andato avanti per millenni, prima della nascita del calcolo delle variazioni. Mettete il vertice *B* in qualche punto a caso, e calcolate l'area del triangolo corrispondente (base per altezza diviso due). Dopo quattro o cinque tentativi vi dovreste essere fatti un'idea di come vanno le cose, accorgendovi per esempio che spostando il punto *B* da sinistra verso destra, fino a un certo punto l'area cresce, per poi iniziare a decrescere. Superato il blocco iniziale, avete trovato la soluzione del problema. La festa del vostro pronipote è salva. Ma… non avete fatto un buon lavoro da matematici!

"Chiamalo *x*!", è ciò che esclama il direttore da dietro la sua scrivania, che non è un invito a leggere questo libro, bensì un'esortazione a fare la cosa più innaturale tra tutte quelle che vi potrebbero venire in mente, cioè far finta di conoscere qualche cosa che non si conosce e poi usarla per calcolare altre cose. Nel caso specifico, non sapendo dove posizionare il punto *B*, ovviamente non potete sapere la distanza tra *A* e *B*.

(1) Niente panico, da adesso in poi questa distanza è *x*. E con qualche passaggio, che ometto per non tediarvi, si calcola l'area del triangolo:

$$\text{Area} = \frac{x}{2}\left(-\frac{1}{2}x + 1\right).$$

La formula appena scritta non è altro che una *legge* (ebbene sì, ancora le *leggi* del capitolo 4) che lega due numeri, rispettivamente *x* e l'area del triangolo. Dato *x* (cioè data la posizione del vertice *B*) ricavate l'area del triangolo. Ma non di un solo triangolo, bensì di tutti gli infiniti triangoli che si possono costruire! Con questa idea geniale della *x* abbiamo concentrato il calcolo dell'area di infiniti triangoli in pochi simboli. Ma come sempre accade in matematica, dentro i simboli che noi scriviamo c'è di più di quello che noi ci abbiamo messo.

Ora entra in gioco il calcolo delle variazioni. Se faccio variare *x*, come varia l'area di conseguenza? Il modo in cui varia l'area del triangolo rispetto alla variazione della posizione del vertice *B* è un'altra *legge*, dentro la quale è nascosta la soluzione del problema. Con pochi semplici passaggi (tra l'altro assolutamente meccanici, che potrebbe fare anche un computer) si può scrivere la *legge* della variazione. Poi basta osservarla: l'area del triangolo cresce fino a quando *B* non arriva alla metà del segmento, e poi decresce. Mentre la soluzione trovata "per tentativi" ha sempre un margine di rischio perché non considera tutti i possibili casi, la soluzione trovata "con la *x*" è esatta al 100%, perché è stata cercata guardando tra *tutte le infinite possibilità*, senza farsene sfuggire neanche una.

---

(1) Sia $f(x) : [0, 2] \to \mathbb{R}$ la funzione continua il cui grafico rappresenta il vincolo per il vertice *C*. Allora l'area *A* del triangolo è data da

$$A(x) = \frac{1}{2}xf(x)$$

e dunque si ha $A'(x) = \frac{1}{2}(f(x) + xf'(x))$. Nel caso specifico si ha $f(x) = -\frac{x}{2} + 1$ e $f'(x) = -\frac{1}{2}$, dunque

$$A'(x) = \frac{1}{2}(1 - x)$$

da cui si ricava che l'area del triangolo è strettamente crescente per $x \in [0, 1)$, strettamente decrescente per $x \in (1, 2]$ e ha un massimo per $x = 1$. L'area massima è quindi $A(1) = \frac{1}{4}$.

L'idea è talmente potente che viene voglia di usarla per problemi più complessi (leggi più astratti).

(2) Qualsiasi problema che si possa scrivere sotto la forma

Tra tante cose possibili, trovare quella migliore in base a un certo criterio

rientra nel campo del calcolo delle variazioni. Per esempio trovare la forma che deve avere un sottomarino per resistere meglio alla pressione, trovare la strada che minimizza il consumo di carburante o trovare la forma ottimale di un ponte affinché sopporti un forte terremoto. Il problema viene riformulato in termini matematici, trasformando l'incognita (la forma del sottomarino, la strada, la forma del ponte) in una *legge* che lega delle quantità. Per esempio, una strada può essere pensata come una *legge* che lega un orario a un punto della città (alle 8 sono a piazza Mazzini, alle 8,15 a via Garibaldi, alle 8,30 sono a casa mia). Un po' strano come modo di pensare a una strada, ma per i matematici è normale (e lo sarà anche per voi alla fine di questo libro). Viene poi definito il criterio che permette di selezionare la *legge* "migliore". Per farlo, semplicemente si associa a ogni *legge* un numero, in modo tale che la *legge* "migliore" sia quella associata al numero più piccolo di tutti.

---

(2) Sia $F : X \to \mathbb{R} \cup \{\pm\infty\}$ una funzione definita su uno spazio topologico. Nella sua forma più generale, il problema principale del calcolo delle variazioni consiste nel trovare condizioni su F e X che garantiscano l'esistenza di un punto di minimo di F in X. Si ha il seguente

Teorema Supponiamo che

$$F(x) \leq \liminf_{y \to x} F(y) \quad \forall x \in X$$

e che per ogni $t \in \mathbb{R}$ esiste un insieme K chiuso e compatto che contiene l'insieme $\{x \in X : F(x) \leq t\}$. Allora esiste un punto di minimo di F in X.

---

(3) Come abbiamo visto nel capitolo 4 dedicato all'analisi funzionale, le *leggi* vengono classificate in base alle loro proprietà e agli strumenti matematici con i quali possono essere analizzate. La pri-

ma domanda (e spesso anche l'unica a cui si riesce a dare una risposta) è quale sia la categoria di *leggi* giusta in cui cercare la soluzione del problema. Il lavoro del variazionalista normalmente si esaurisce dopo aver dimostrato che il problema ha un'unica soluzione in una certa categoria di *leggi*. Avete letto bene, non ho scritto "dopo aver trovato la soluzione" ma "dopo aver dimostrato che esiste un'unica soluzione". D'altronde l'impresa è già ardua così. Infatti, se si sceglie una categoria di *leggi* troppo ristretta, si rischia di non trovare nessuna soluzione. Al contrario, se la categoria di *leggi* è troppo permissiva, si rischia di trovarne infinite. Una tecnica piuttosto bizzarra, ma oramai standard, consiste nel dimostrare l'esistenza e l'unicità della soluzione considerando una categoria di *leggi* molto più capiente del necessario (ma comunque abbastanza piccola affinché ci sia una sola soluzione), e poi, a posteriori, restringere la ricerca a una categoria di *leggi* più piccola, possibilmente la più piccola che garantisca l'esistenza della soluzione. Se poi, per caso, dopo aver dimostrato l'esistenza della soluzione in $W_0^{1,p}$, volete anche sapere qual è effettivamente la forma di questo sottomarino capace di andare sul fondo degli oceani, rivolgetevi a un analista numerico, o meglio ancora, a un ingegnere.

(3) **Esempio** Sia Ω un aperto di $\mathbb{R}^n$ e $F : W^{1,p}(\Omega) \to \mathbb{R} \cup \{\pm\infty\}$ il funzionale definito da

$$F(u) := \int_\Omega f(x, Du(x))dx$$

dove Du indica il gradiente di u. Sotto le ipotesi

(i) $\xi \mapsto f(x, \xi)$ semicontinua inferiormente,
(ii) $\xi \mapsto f(x, \xi)$ convessa,
(iii) $f(x, \xi) \geq -a(x)+b|\xi|^p, 1 < p < +\infty, a \in L^1(\Omega), b > 0,$

il problema

$$\min_{u\in W_0^{1,p}(\Omega)} F(u)$$

ammette una soluzione.

Per funzionali definiti su $W^{1,p}(\Omega)$ della forma

$$F(u) = \int_\Omega f(x, u, Du)dx$$

il teorema precedente non è più applicabile se f ha una crescita lineare in Du. In questo caso, infatti, il funzionale non può essere coercivo. L'esistenza del minimo deve quindi essere ricercata in uno spazio più grande, come $BV(\Omega)$.

Γ-convergenza

(1) Cos'è una fotografia per un matematico? Non certo il ricordo di un momento emozionante. È invece una *legge* che associa a ogni punto della fotografia un colore. Per esempio, per una fotografia digitale, abbiamo (vedi Fig. 10.2): primo pixel in alto a sinistra associato al colore grigio chiaro, secondo pixel sulla stessa riga associato a rosso vermiglio, primo pixel della seconda riga associato a Terra di Siena bruciata, ecc. (ripeto, avete capito perché si introduce il simbolismo matematico?). Questo modo di pensare a una fotografia non è molto romantico, e non aiuta neanche molto quando si tratta di riordinare le vecchie fotografie dimenticate da anni in soffitta. Piuttosto, è molto utile quando ci si vuole distaccare dal mondo reale e far vagare il pensiero in spazi astratti.

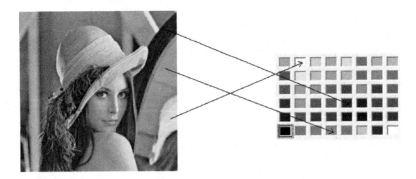

Fig. 10.2. Una fotografia vista come *legge* che associa a ogni punto un colore

> (1) Sia $\Omega \subset \mathbb{R}^2$ un aperto limitato. Esso rappresenta il dominio dell'immagine. Sia $g : \Omega \to \mathbb{R}$ la funzione intensità luminosa dell'immagine in toni di grigio. Supponiamo $g \in L^\infty(\Omega)$.

Nulla vieta di immaginare uno spazio che contiene tutte le possibili *leggi-foto*, quelle corrispondenti sia a una fotografia realmente scattata da qualcuno sia a quelle mai scattate. Lo spazio delle *leggi-foto* è un luogo immaginario dove un punto non è disegnato come un piccolo e familiare tondino nero, ma è invece una *legge-foto*. Quindi, la prossima volta che vedrete un matematico che sfoglia un album di fotografie, non chiedetegli cosa sta facendo, vi risponderebbe che sta seguendo una linea in $L^\infty(\Omega)$ e ciò non vi soddisferebbe granché.

Piuttosto che guardare le fotografie, il matematico ama risolvere problemi.

(2) Il problema cui si è interessato stavolta è quello di estrarre dalla fotografia i bordi dei soggetti in essa contenuti. Questo procedimento è chiamato "segmentazione", perché l'immagine viene effettivamente segmentata in tanti pezzi, come mostrato in Fig. 10.3. Il problema della segmentazione è molto noto e riveste grande interesse nell'analisi delle immagini. Grazie a essa è possibile, tra le altre cose, il riconoscimento automatico delle targhe dei veicoli che non pagano al casello autostradale.

 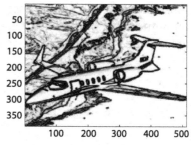

Fig. 10.3. Fotografia originale (*sinistra*) e immagine segmentata (*destra*)

(2) Siano $\{\gamma_i\}_{i=1,\ldots,m}$, $\gamma_i \in C^1$, m curve che definiscono i contorni dei soggetti rappresentati nell'immagine. L'insieme $K := \bigcup_{i=1}^m \gamma_i$ è l'incognita del problema.

Vogliamo quindi andare alla caccia di una *legge-foto* che raffigura solo i bordi dei soggetti contenuti nella fotografia iniziale. Sebbene essa non esista nel nostro mondo, esiste sicuramente nello spazio delle *leggi-foto*, che contiene tutte le fotografie (esistenti e non esistenti). Il matematico, sfoggiando la sua solita fantasia, chiama $\hat{u}$ l'immagine segmentata e poi formula il problema come una caccia al tesoro nello spazio delle *leggi-foto*. Dov'è $\hat{u}$? Come si fa a trovarla?

(3) Poiché non c'è limite all'astrazione, e il matematico ama sguazzarci dentro come un bambino nel fango, si definisce anche un altro tipo di *legge*, che associa a una fotografia un numero. Attenzione a non perdervi, sennò il matematico parte per la sua strada e non lo riacchiappiamo più! Vi ricordo che la fotografia è già di per sé una *legge* che associa a ogni punto un colore. Quindi qui siamo alle prese con una *legge* che associa a una *legge* un numero. Comunque sia, andiamo avanti e cerchiamo di capire dove ci porta il matematico. Ora abbiamo a che fare con una *legge* che associa a ogni fotografia un numero. Per esempio, alla fotografia del mio matrimonio potrebbe associare 3,19 o 4,5 o 0 e a quella dei miei 18 anni 5,7 o 1234, e così via. Ovviamente ci sono infiniti modi per scegliere una *legge* siffatta e quindi la prima cosa da fare è sceglierla in modo che sia di aiuto per la nostra caccia alla $\hat{u}$! Essa viene scelta in modo che il numero associato alla fotografia $\hat{u}$ sia esattamente 0, e il numero associato a tutte le altre foto sia invece un numero più grande di 0. Questa proprietà ci condurrà verso $\hat{u}$, ma la strada non è così facile come si potrebbe pensare.

(3) Sia $X(\Omega) := L^\infty(\Omega) \times L^\infty(\Omega; [0, 1])$, dotato della metrica $L^2(\Omega; \mathbb{R}^2)$. Definiamo il funzionale

$$F(u, s) := \int_\Omega (u - g)^2 \mathrm{d}x + \int_\Omega |\nabla u|^2 \mathrm{d}x + \mathcal{H}^1(S_u)$$

se $u \in SBV(\Omega)$, $s \equiv 1$ in $L^2(\Omega)$ e $F(u, s) := +\infty$ altrove in $X(\Omega)$. Sia $(\hat{u}, \hat{s})$ l'argmin di F.

Ad oggi, nessuno è riuscito a trovare $\hat{u}$ sapendo solamente che essa è la fotografia associata al numero 0 dalla *legge* che abbiamo scelto, perché questa *legge* è troppo difficile da studiare. Che fare quindi? Come sempre in questi casi, si attacca il problema da un altro lato, sperando che la strada sia meno ardua.

(4) Sostituiamo la *legge* troppo difficile, con la quale stavamo lavorando, con un'altra che chiamiamo *legge facile*. Essa è scelta in modo tale che sia molto simile alla *legge difficile* ma che allo stesso tempo sia facile trovare la fotografia alla quale essa associa il numero 0. La speranza quindi è che la somiglianza tra la *legge facile* e la *legge difficile* implichi anche la somiglianza delle due fotografie che le due *leggi* associano rispettivamente al numero 0. Questo però non è sempre vero, anzi può succedere proprio che le due fotografie non abbiano nulla a che vedere l'una con l'altra. Quindi, cercando la fotografia che la *legge* facile associa al numero 0 potremmo trovare qualcosa di completamente diverso da quello che stiamo cercando.

(4) Sia

$$Y(\Omega) := \{(u, s) \in X(\Omega) : u \in W^{1,2}(\Omega) \text{ e } s \in W^{1,2}(\Omega; [0, 1])\} .$$

Definiamo su Y la famiglia di funzionali approssimanti

$$F_{\varepsilon_h}(u, s) = \int_\Omega (u - g)^2 dx + \int_\Omega \left(s^2 + k_{\varepsilon_h}\right) |\nabla u|^2 dx$$
$$+ \int_\Omega \left(\varepsilon_h |\nabla s|^2 + \frac{1}{4\varepsilon_h}(1 - s)^2\right) dx$$

dove $\varepsilon_h \to 0$ e $k_{\varepsilon_h} \to 0$ per $h \to +\infty$.

(5) Ed è qui che finalmente arriva la Γ-convergenza. Negli anni '80 qualcuno ha trovato la proprietà che deve avere la *legge facile* affinché la fotografia che essa associa al numero 0 sia simile a quella del problema originale.

(5) Sia X uno spazio metrico separabile e sia $Y \subset X$ un suo sottoinsieme denso. Sia $f : X \to [0, +\infty]$ e sia $f_h : Y \to [0, +\infty]$ una famiglia di funzioni a un parametro.

Si dice che f_h Γ-*converge* a f in X se per ogni $x \in X$ si ha

(i) per ogni $\{y_h\}_h \subset Y$ t.c. $y_h \xrightarrow{X} x$ si ha $\liminf\limits_{h \to +\infty} f_h(y_h) \geq f(x)$,

(ii) esiste $\{y_h\}_h \subset Y$ t.c. $y_h \xrightarrow{X} x$ e $\limsup\limits_{h \to +\infty} f_h(y_h) \leq f(x)$.

Teorema Supponiamo esista $\hat{y}_h \in Y$ tale che $f_h(\hat{y}_h) = \inf_{y \in Y} f_h(y)$ per ogni h. Supponiamo che f_h Γ-converga a f e supponiamo che per ogni h esista $\{\hat{y}_{h_k}\}$ e $\hat{x} \in X$ tale che $\hat{y}_{h_k} \to \hat{x}$ per $k \to +\infty$.

Allora $\hat{x} = \inf_{x \in X} f(x)$.

(6) Forti di questa garanzia, possiamo facilmente dimenticarci della *legge difficile* e prendere come soluzione approssimata del problema la fotografia trovata tramite la *legge facile*.

(6) **Teorema** Nelle notazioni introdotte sopra, F_{ε_h} Γ-converge a F per $h \to +\infty$ e la successione minimizzante $\{s_{\varepsilon_h}\}$ tende a $1 - \chi_K$.

So cosa state pensando, che se la cosa deve essere così difficile allora meglio non fare la multa a chi oltrepassa il casello senza pagare. Effettivamente non avete tutti i torti. Ma ricordate sempre che il matematico risolve il problema in astratto. Per lui la *legge* che associa a una fotografia un numero non è una *legge* che associa a una fotografia un numero, è semplicemente un oggetto chiamato $F(u)$. Se ora F diventa la quantità di gas nocivi emessi dalle automobili e $F = 0$ significa automobili non inquinanti, non ci resta che Γ-convergere verso un mondo più pulito, o no?

11

Teoria dei numeri

$-[...] = \frac{1}{1}$. *Vedete ragazzi, in questa frazione*
la somma del numeratore e del denominatore fa 1.
– Professore, veramente fa 2.
– Mi faccia pensare...

Prof. V. Nesi

Finalmente un titolo di un capitolo con la parola "numeri"! Comparirà anche qualche numero? Staremo a vedere.

(1) Intanto cominciamo a capire cosa sono i numeri per i matematici. Consideriamo tanti gruppi formati da ventisei cose come, per esempio, un cestino con ventisei mele, una casa con ventisei persone, un garage con ventisei automobili e così via. Tutti questi insiemi sono diversi tra loro ma hanno in comune l'"essere composti da *ventisei* cose". Questo concetto astratto è per il matematico la definizione di numero *ventisei*.

---

(1) L'insieme dei numeri naturali è definito come l'insieme delle classi di equivalenza composte da tutti gli insiemi finiti aventi la stessa cardinalità.

---

(2) Per passare dalle parole ai fatti, bisogna però trovare il modo di scrivere sulla carta il numero *ventisei* (e in generale qualsiasi numero). Per gli antichi romani, per esempio, il *ventisei* era XXVI, per noi è 26, per un computer, che conosce solo lo 0 e l'1, è 11010. I programmatori usano spesso anche un altro tipo di scrittura, chiama-

ta esadecimale, in cui il numero *ventisei* si scrive 1A. Se decidessimo di usare una numerazione basata su quattro simboli, α, $\triangleleft$, $\neg$ e $\wedge$ corrispondenti rispettivamente ai numeri *zero*, *uno*, *due* e *tre*, allora *ventisei* si scriverebbe $\triangleleft\neg\neg$.

"26" non è quindi il concetto di numero *ventisei*, ma è solo uno degli infiniti modi per scriverlo sulla carta. La motivazione che muove il matematico alla ricerca del miglior modo di scrivere un numero è evidente: egli vuole poter scrivere qualsiasi numero (e vi ricordo che i numeri sono infiniti), utilizzando solamente un numero non infinito di simboli, e si deve quindi ingegnare a trovare un modo per comporre i simboli che ha a disposizione in modo da formare tutti i numeri. Il sistema decimale – altrimenti detto in base dieci – che noi usiamo normalmente, è basato su dieci simboli (0 1 2 3 4 5 6 7 8 9) e tutti i numeri si compongono da questi con la tecnica del "posizionamento". Il "3" che compare nel numero "35", per esempio, non vale tre, ma vale $3 \times 10 = 30$, perché è posizionato al secondo posto a partire da destra. Il "3" di "354" invece vale $3 \times 10 \times 10 = 300$ perché è posizionato al terzo posto, e così via.

---

(2) Sia $b > 1$ e $A = \{a_1, \ldots, a_n\}$ un insieme di reali non negativi. Un numero reale x è *rappresentabile* in base b e alfabeto A se esistono due successioni $c_0, c_1, \ldots, c_n \in A$ e $d_1, d_2, \cdots \in A$ tali che

$$x = \sum_{k=0}^{n} c_k b^k + \sum_{k=1}^{\infty} d_k b^{-k},$$

mentre la successione $(c_n c_{n-1} \ldots c_0, d_1 d_2 \ldots)$ viene chiamata *espansione* di x.

Se ogni numero reale non negativo ammette un'espansione in base b e alfabeto A allora la coppia (b, A) è un *sistema di numerazione posizionale* in base b e alfabeto A.

Esempio Il sistema decimale è un sistema di numerazione posizionale con $b = 10$ e $A = \{0, 1, 2, 3, 4, 5, 6, 7, 8, 9\}$.

Il sistema binario è un sistema di numerazione posizionale con $b = 2$ e $A = \{0, 1\}$.

La numerazione in base dieci è ottima per studiare le proprietà dei numeri, a parte alcuni casi in cui è preferibile usare altri metodi, come per esempio la numerazione in base due o binaria, propria dei computer, dove i simboli 0 e 1 corrispondono rispettivamente allo stato OFF e ON di un circuito elettrico; è chiaro quindi che il cambiamento di base può rispondere a delle esigenze pratiche ben precise.

(3) Il matematico, però, non è quasi mai interessato alle "esigenze pratiche", e ama dilettarsi in cose ai limiti del surreale. Perché non chiedersi quindi cosa succede prendendo come base un numero frazionario, per esempio 6,35? Se prima il "3" di 354 valeva $3 \times 10 \times 10 = 300$, ora con la nuova base frazionaria vale $3 \times 6,35 \times 6,35 = 40,3225$.

Lo studio delle basi frazionarie è cominciato alla fine degli anni '50 e da quel momento non si è mai fermato. Sembra incredibile ma le proprietà dei numeri scritti in questo modo non cessano ancora di stupirci.

Una delle prime cose che ci si è chiesti è se un numero può essere scritto in due modi diversi, cosa che sarebbe piuttosto problematica ("Le avevo chiesto 12 quaderni!", "E io gliene ho dati 87 come mi ha chiesto, dov'è il problema?"). La risposta è purtroppo affermativa, e apre tutta una serie di altri problemi che non vedono l'ora di essere risolti.

Molti di voi conosceranno il *rapporto aureo*, quel numero che corrisponde al rapporto "perfetto"" tra larghezza e altezza che gli architetti greci usavano per costruire i templi. Esso è all'incirca uguale a 1,618. Si è scoperto che questo numero segna una sorta di "confine" che a mio parere ha del magico: scrivendo i numeri in una base più piccola del *rapporto aureo* tutti i numeri possono essere scritti in due modi diversi. Al contrario, scrivendo i numeri in una base più grande del *rapporto aureo* cominciano ad apparire dei numeri che possono essere scritti in un solo modo (e questo ci rassicura). Questa proprietà del *rapporto aureo* era di sicuro ignota agli architetti greci, il che dimostra che la "ricerca" in matematica ha ragione di esistere. Però gli architetti greci una cosa l'avevano capita bene: la matematica ha tanta bellezza in sé, da poterla prestare all'arte.

(3) **Teorema** Sia $A = \{0, 1\}$. Per ogni $1 < b \leq 2$ qualsiasi numero reale non negativo ammette almeno un'espansione in base b e alfabeto A, ossia (b, A) è un sistema di numerazione.

Inoltre, denotando con G la sezione aurea, se $b \leq G$ allora ogni numero reale positivo ammette almeno due espansioni diverse, mentre se $b > G$ esistono infiniti numeri rappresentabili tramite una sola espansione.

(4) Un argomento caro ai teorici dei numeri, e abbastanza noto anche al grande pubblico, è quello dei numeri primi. La definizione di numero primo, spesso imparata a memoria senza capirla, è semplicemente "essere divisibile solamente per 1 e per sé stesso". Il numero 6, per esempio, non è primo perché oltre a essere divisibile per 1 e per sé stesso è divisibile anche per 3 ($6/3 = 2$), mentre 7 è primo perché non è divisibile né per 2, né per 3, né per 4, né per 5 e né per 6 (ben inteso, si può fare $7/3$ ma viene 3,5 che non è un numero intero). I numeri primi sono infiniti, e compaiono senza una regola precisa tra i numeri naturali. Un tema che è stato molto investigato è quello della distanza che c'è tra un numero primo e il successivo. I primi numeri primi (scusate il gioco di parole) sono abbastanza vicini tra loro (2, 3, 5, 7, 11, 13, 17, 19, 23, 29,...) ma più si va avanti e più sembra che essi diventino radi. È stato addirittura dimostrato che, a patto di cercare tra numeri primi sufficientemente grandi, si possono trovare due numeri primi consecutivi la cui distanza è grande quanto si vuole, anche mille miliardi di miliardi, per intenderci. Ma questo teorema sembra in apparente contraddizione con una delle più famose congetture in teoria dei numeri – ancora non dimostrata ma quasi certamente vera – che afferma che esistono infinite coppie di numeri primi che distano di soli due numeri, come per esempio 3 e 5 oppure 101 e 103. Come si vede, quindi, i numeri primi sembrano sfuggire a ogni regola, ed è per questo che affascinano così tanto i matematici.

(4) Un numero p è *primo* se

   (i) $p > 1$,
   (ii) p non ha divisori positivi tranne 1 e p.

Teorema I numeri primi sono infiniti.

Teorema Dato un qualsiasi numero $n \in \mathbb{N}$, esiste una sequenza di n numeri consecutivi non primi.

Congettura Esistono infinite coppie di numeri primi della forma $(p, p + 2)$.

(5) I numeri primi hanno qualcosa di ancora più speciale, sembra quasi che essi rappresentino la spina dorsale dell'insieme dei numeri, qualcosa cioè che "regge tutto" e da cui tutto si può ricavare. Per esempio, è facile dimostrare che ogni numero può essere scritto come il prodotto di numeri primi (per esempio $30 = 2 \times 3 \times 5$). È vero anche che

$$1 + \frac{1}{2^2} + \frac{1}{3^2} + \frac{1}{4^2} + \ldots = \frac{1}{1 - \frac{1}{2^2}} \times \frac{1}{1 - \frac{1}{3^2}} \times \frac{1}{1 - \frac{1}{5^2}} \times \ldots$$

In questa formula compaiono a sinistra tutti i numeri naturali 1, 2, 3, 4, ecc. mentre a destra compaiono solo numeri primi.

Se siete particolarmente audaci nel ragionamento matematico, potreste aver notato che a sinistra c'è una somma di infiniti termini, tutti positivi. Potreste quindi essere tentati di pensare che il risultato sia ∞, poiché sommando infiniti termini positivi il risultato non può far altro che crescere sempre di più, e arrivare quindi a ∞. Invece, la somma di sinistra, che è uguale al prodotto di destra, non è ∞, non è un numero naturale, non è un numero primo, non è un numero che si può scrivere come la frazione di due numeri naturali, insomma, è un numero piuttosto sfuggente. È $\pi^2/6$.

(5) **Teorema** Ogni numero intero positivo $n \neq 1$ è prodotto di primi, cioè esiste un numero $k \in \mathbb{N}$ ed esistono k primi $p_1 < p_2 < \ldots < p_k$ e k interi positivi $\alpha_1, \ldots, \alpha_k$ tali che

$$n = p_1^{\alpha_1} p_2^{\alpha_2} \ldots p_k^{\alpha_k}.$$

Si definisce *funzione di Riemann* la funzione $\zeta : (1, +\infty) \to \mathbb{R}$ tale che

$$\zeta(s) = \sum_{n=1}^{\infty} \frac{1}{n^s}.$$

In particolare si ha $\zeta(2) = \pi^2/6$. Inoltre si ha

$$\zeta(s) = \prod_{p \text{ primo}} \frac{1}{1 - p^{-s}}.$$

(6) Il numero $\pi = 3{,}14\ldots$[1] – senza dubbio il numero più studiato nella storia dell'umanità – merita un discorso a parte. π è definito come il rapporto tra la lunghezza di una circonferenza e quella del suo diametro (di *qualsiasi* circonferenza).

(6) Per ogni $n \in \mathbb{N}$ sia a_n (rispettivamente b_n) il semiperimetro del poligono regolare con $6 \cdot 2^n$ lati circoscritto (risp. inscritto) nel cerchio di raggio 1. Allora si ha

$$\begin{cases} a_{n+1} = \dfrac{2a_n b_n}{a_n + b_n} \\ a_0 = 2\sqrt{3} \end{cases} \quad e \quad \begin{cases} b_{n+1} = \sqrt{a_{n+1} b_n} \\ b_0 = 3. \end{cases}$$

Le due successioni a_n e b_n hanno lo stesso limite e

$$\pi := \lim_{n \to +\infty} a_n = \lim_{n \to +\infty} b_n.$$

Inoltre, π è la lunghezza del semicerchio di raggio 1.

[1] ...1592653589793238462643383279502884197169399375105820974944592307816406286208998628034825342117067982148086513282306647093844609550582231725359408128481117450284102701938521105559644622948954930 38196...

Esso ricorre dappertutto, in qualsiasi branca della matematica e della fisica, e sebbene gli scienziati non credano alla magia difficilmente potranno ammettere che π non abbia nulla di magico. Il numero π ha infinite cifre decimali, che non si ripetono mai. Il chiodo fisso dei matematici è sempre stato quello di trovare una struttura regolare nelle sue cifre, una regola che mettesse un po' d'ordine nel caos, ma questa regola è sempre sfuggita. Sembra che tutti i numeri da 0 a 9 compaiano in modo casuale infinite volte ma anche questo non è del tutto sicuro. Non si sa, per esempio, se il numero 7 compaia in media una volta su dieci come dovrebbe essere se tutte le cifre fossero equiprobabili.

Il primo tentativo di calcolare il valore di π a noi noto risale agli egizi, circa quattromila anni fa. Si erano accontentati di 3,16.

Il primo vero tentativo fu invece del grande Archimede (287–212 a.C.) che con un ragionamento astuto e perfettamente corretto arrivò a 3,14. Da quel momento è iniziata la grande corsa al calcolo di π, una sorta di follia che ha spinto migliaia di matematici a cercare tutti i modi possibili per calcolare il "numero magico".

(7) Per esempio, il naturalista Buffon, nel 1777 ha proposto un metodo a dir poco bizzarro. Disegnate per terra tante righe parallele, tutte alla stessa distanza le une dalle altre, e lasciate cadere un piccolo ago per terra, a caso. Poi prendete nota se l'ago ha toccato una delle righe o esso è caduto esattamente tra una riga e l'altra. Armatevi di pazienza (gli scienziati ne hanno sempre tanta) e ripetete l'esperimento qualche migliaio di volte, scrivendo sempre se l'ago ha toccato una riga oppure no. Alla fine, prendete i risultati e fate qualche semplice moltiplicazione, e troverete un'approssimazione di π!

---

(7) Dividiamo il piano euclideo con una famiglia di rette parallele a distanza d le une dalle altre. Un ago di centro C e lunghezza $L < d$ è lasciato cadere in modo casuale sul piano. Supponiamo, senza perdere di generalità, che il centro dell'ago cada tra le due rette Ω_1 e Ω_2. Sia t la distanza tra C e Ω_1 e sia θ l'angolo tra l'ago e la retta perpendicolare a Ω_1 passante per C. L'insieme di tutti i casi possibili è rappresentato dal rettangolo $E = \{(t, \theta) : 0 \leq t \leq d, \ 0 \leq \theta \leq \pi/2\}$. L'insieme dei casi favorevoli è definito come l'insieme dei punti

(t, θ) tali che l'ago ha incrociato Ω_1 o Ω_2. Questo insieme è

$$F = \left\{(t, \theta) : \frac{L\cos\theta}{2} \geq t\right\} \cup \left\{(t, \theta) : \frac{L\cos\theta}{2} \geq d - t\right\}.$$

Quindi, la probabilità p che l'ago intercetti una retta è

$$p = \frac{\text{Area}(F)}{\text{Area}(E)} = \frac{4}{\pi d} \int_0^{\pi/2} \frac{L}{2} \cos\theta \, d\theta = \frac{2L}{\pi d}.$$

Altre formule più o meno folli dove appare misteriosamente π sono per esempio (8) quella di Viète, che nel 1593 ha scoperto che

$$\frac{2}{\pi} = \sqrt{\frac{1}{2}} \sqrt{\frac{1}{2} + \frac{1}{2}\sqrt{\frac{1}{2}}} \sqrt{\frac{1}{2} + \frac{1}{2}\sqrt{\frac{1}{2} + \frac{1}{2}\sqrt{\frac{1}{2}}}} \cdots$$

(8) Sia u_n la successione definita per ricorrenza da

$$u_1 = \sqrt{\frac{1}{2}}, \quad u_n = \sqrt{\frac{1}{2}(1 + u_{n-1})}, \quad n = 2, 3, \ldots$$

Allora si ha

$$\lim_{n \to +\infty} (u_1 u_2 \ldots u_n) = \frac{2}{\pi}.$$

o (9) la formula di Wallis, scoperta nel 1655

$$\frac{\pi}{2} = \frac{2 \times 2}{1 \times 3} \times \frac{4 \times 4}{3 \times 5} \times \frac{6 \times 6}{5 \times 7} \times \ldots$$

Notate che nella formula si esprime π usando solo numeri pari divisi per numeri dispari.

(9) Si ha

$$\frac{\pi}{2} = \prod_{n=1}^{\infty} \frac{4n^2}{4n^2 - 1}.$$

(10) Oppure ancora la formula di Leibniz, scoperta verso il 1670,

$$\frac{\pi}{4} = 1 - \frac{1}{3} + \frac{1}{5} - \frac{1}{7} + \frac{1}{9} - \frac{1}{11} + \ldots$$

nella quale si esprime $\pi/4$ usando solo numeri dispari.

---

(10) Si ha

$$\frac{\pi}{4} = \sum_{n=0}^{\infty} (-1)^n \frac{1}{2n+1}.$$

---

(11) Come sempre, il matematico si esalta quando nelle sue ricerche trova qualcosa che non si aspetta, e il numero π sembra sia stato inventato apposta per fare la felicità del matematico. Nel gioco del "testa o croce", la probabilità di avere "testa" o di avere "croce" è di una su due. Se è più che legittimo aspettarsi che il numero 2 appaia nello studio di questo gioco, la stessa cosa non si può dire di π, dal momento che il gioco non ha niente a che vedere con cerchi, rotazioni o numeri con infinite cifre decimali. Ma... su un milione di lanci, sapete qual è la probabilità di avere *esattamente* cinquecentomila teste e cinquecentomila croci?

$$\frac{0{,}001}{\sqrt{\pi}}.$$

Questa è la magia di π.

---

(11) Dalla formula in (9) si ha

$$\frac{\pi}{2} = \lim_{n \to +\infty} \frac{2^2 \cdot 4^2 \cdot \ldots \cdot (2n)^2}{1^2 \cdot 3^2 \cdot \ldots \cdot (2n-1)^2} \frac{1}{2n+1}$$

$$= \lim_{n \to +\infty} \frac{2^{4n}(n!)^4}{[(2n)!]^2} \frac{1}{2n+1} = \lim_{n \to +\infty} \frac{2^{4n}(n!)^4}{[(2n)!]^2} \frac{1}{2n}$$

da cui si ricava

$$\pi = \lim_{n \to +\infty} \frac{2^{4n}(n!)^4}{n[(2n)!]^2}$$

e quindi

$$\frac{1}{2^{2n}} \frac{(2n)!}{(n!)^2} \sim \frac{1}{\sqrt{\pi n}} \quad \text{per } n \to +\infty.$$

Il numero $P_n = \frac{1}{2^{2n}} \frac{(2n)!}{(n!)^2} = \frac{1}{2^{2n}} \binom{2n}{n}$ è proprio la probabilità di ottenere n teste e n croci in $2n$ lanci consecutivi di una moneta.

(12) Il numero π compare nelle maniere più incredibili tra i numeri, come se fosse immerso tra essi e li permeasse tutti. Per esempio, se peschiamo un numero a caso nell'insieme dei numeri naturali 1, 2, 3, 4,... è possibile che il numero pescato sia il prodotto di numeri primi senza ripetizioni, come per esempio $21 = 7 \times 3$, oppure che sia il prodotto di numeri primi con ripetizione, come $18 = 2 \times 3 \times 3$ (il 3 compare due volte). Ebbene, la probabilità che il numero pescato sia il prodotto di numeri primi senza ripetizioni è $6/\pi^2$, sebbene π non abbia a priori niente a che vedere con i numeri primi...

(12) Sia $Q(x)$ il numero di interi minori o uguali a x che non hanno fattori quadrati. Allora, per ogni $n \in \mathbb{N}$, si ha

$$Q(n) = \frac{6}{\pi^2} n + O\left(\sqrt{n}\right)$$

e quindi $Q(n)/n \to 6/\pi^2$ quando $n \to +\infty$.

(13) La gara a chi trova più cifre decimali di π è sempre aperta, a oggi il record è 1.241.100.000.000. Per trovarle si usano, a parte i computer più potenti del mondo, formule incredibili scoperte dal famoso matematico indiano Ramanujan (1887–1920). Alcune di queste, e altre scoperte più recentemente, permettono addirittura di calcolare una cifra dopo la virgola a piacere (per esempio la millesima o la milionesima) senza calcolare quelle precedenti, cosa che ha veramente dello straordinario.

(13) Si ha

$$\frac{1}{\pi} = \frac{\sqrt{8}}{9801} \sum_{n=0}^{\infty} \frac{(4n)!}{(n!)^4} \frac{1103 + 26.390n}{396^{4n}} \quad \text{e}$$

$$\frac{1}{\pi} = 12 \sum_{n=0}^{\infty} \frac{(-1)^n (6n)!(13.591.409 + 545.140.134n)}{(n!)^3 (3n)!(640.320^3)^{n+1/2}} .$$

L'ultima formula è la più efficiente, ogni termine aggiunge 14 cifre decimali corrette di π.

La seguente formula, scoperta nel 1997, è interessante perché il denominatore del termine generico della serie contiene $1/16^n$. Ciò permette di calcolare una qualsiasi cifra di π senza calcolare le precedenti, purché π sia scritto in base 16.

$$\pi = \sum_{n=0}^{\infty} \frac{1}{16^n} \left(\frac{4}{8n + 1} - \frac{2}{8n + 4} - \frac{1}{8n + 5} - \frac{1}{8n + 6} \right) .$$

(14) Oltre a π, in matematica esistono altri due numeri particolarmente interessanti. Il primo è $e = 2{,}7182818284590\ldots$ che, come π, ha infinite cifre decimali. L'altro è $i = \sqrt{-1}$, un numero un po' strano visto che non esiste nessun numero che elevato al quadrato dia un numero negativo. Ciò nonostante, esso non cessa di stupirci con le proprietà celate nella sua strana definizione. Inutile dirlo, i tre numeri π, e e i non hanno nulla a che vedere l'uno con l'altro, e sono stati scoperti/inventati in contesti completamente differenti ma..., *casualmente*,

$$e^{i\pi} = -1 .$$

Questa formula è considerata da molti matematici la più bella formula esistente, senza avere alcun imbarazzo a usare la parola "bello" per una formula matematica, al pari di un quadro o di un film.

(14) Il numero e è definito come

$$e := \lim_{n \to +\infty} \left(1 + \frac{1}{n} \right)^n$$

e i come quel numero tale che $i^2 = -1$.

Per ogni numero complesso $z = x + iy$ si ha

$$e^z = e^x(\cos y + i \sin y)$$

da cui

$$\boxed{e^{i\pi} + 1 = 0}$$

Ma sì, mi ritengo soddisfatto, sono riuscito a scrivere qualche numero in un libro dedicato alla matematica. Ma non vi ci abituate troppo.

12

Algebra

Trovare le radici di un polinomio di grado n è un incubo...
dal quale molti non si sono ancora risvegliati.

Prof. V. Nesi

Al giorno d'oggi, andare al Polo Nord è un gioco da ragazzi. In una settimana si va e si torna, in aereo naturalmente, alla modica cifra di circa quindicimila euro. Eppure, ogni anno, ci sono spedizioni organizzate da persone che tentano di raggiungere il Polo Nord a piedi, o con la slitta, nello stile dei primi esploratori dell'inizio del '900. Perché? La motivazione di fondo è quella di volersi privare delle comodità (l'aereo), per meglio scoprire i propri limiti e godere maggiormente del risultato finale. E anche apprezzare meglio le piccole conquiste, per non abituarsi a dare tutto per scontato.

Gli algebristi hanno qualcosa in comune con questi avventurieri, anche se ovviamente nel loro caso parliamo di viaggi mentali, nella terra chiamata Astrazione, popolata da animali ben diversi dagli orsi polari.

(1) Priviamoci di alcune "comodità" cui la matematica ci ha ormai abituato, per esempio il poter moltiplicare e dividere. Oppure, priviamoci della possiblità di poter contare fino all'infinito, supponendo che un certo numero, per esempio 11, sia l'ultimo. Che cosa resta della matematica? Cosa si può ancora fare? Quali equazioni si possono ancora risolvere? Come i moderni esploratori polari, assaporiamo la potenza di ciò che resta, un $2 + 3 = 5$, un $1 + 0 = 1$. Cose semplici, nelle quali però è nascosto molto.

Per prima cosa, il fatto che i numeri si fermino a 11 è una limitazione che può essere facilmente aggirata ricominciando a contare da 0 nel momento in cui si arriva a 12. I numeri sono quindi 0, 1, 2, 3, 4, 5, 6, 7, 8, 9, 10, 11, 12 = 0, 13 = 1, 14 = 2, 15 = 3, ecc. Tutto ciò vi è sicuramente familiare poiché è esattamente quello che ognuno di noi fa con l'orologio. È importante notare che tra i numeri che abbiamo considerato c'è lo zero, che è ovviamente un numero speciale perché è l'unico numero che sommato agli altri non ha alcun effetto, un numero "neutro", insomma.

(1) Sia G un insieme e sia $* : G \times G \rightarrow G$ un'operazione binaria definita su G. La coppia $(G, *)$ si dice *gruppo* se valgono le seguenti proprietà:

(i) $(a * b) * c = a * (b * c)$ per ogni $a, b, c \in G$.

(ii) esiste $e \in G$ tale che $a * e = e * a = a$ per ogni $a \in G$.

(iii) per ogni $a \in G$ esiste $b \in G$ tale che $a * b = b * a = e$.

Non è richiesto che l'operazione $*$ sia commutativa. Se lo è, il gruppo si dice *abeliano*. Se $|G|$ è finito, il gruppo si dice *finito*.

Esempi:

$(\mathbb{Z}, +)$ è un gruppo abeliano.

$(\mathbb{Z}_n, +)$ è un gruppo abeliano finito.

$(\mathbb{Z}_p \setminus \{0\}, \cdot)$ con p primo, è un gruppo abeliano finito.

L'insieme delle matrici quadrate invertibili con il prodotto matriciale è un gruppo non abeliano.

(2) In questa nuova matematica, diversa da quella alla quale siamo abituati ma non così impossibile da immaginare, vale il seguente teorema:

dato un qualsiasi numero, se lo sommiamo a sé stesso un certo numero di volte, il risultato è il numero "neutro" (cioè lo zero).

Per esempio, $4+4+4 = 12 = 0$. Una specie di "ogni tabellina finisce con lo zero", un risultato quantomeno curioso...

Se ora consideriamo l'insieme dei numeri $\{1, 2, 3, 4\}$ (sempre con la regola di ricominciare a contare da zero dopo l'ultimo numero), e sostituiamo l'addizione con la moltiplicazione, ci accorgiamo che il teorema vale ancora ma, attenzione!, stavolta il numero "neutro" non è 0 ma 1, perché moltiplicare qualsiasi numero per 1 non ha alcun effetto, mentre moltiplicarlo per 0 ha un gran bell'effetto! Per esempio, $2 \times 2 \times 2 \times 2 = 16 = 1$.

Ma se prendiamo l'insieme dei numeri $\{1, 2, 3\}$, ancora con la moltiplicazione, la magia non funziona più, moltiplicando 2 per sé stesso non si ottiene mai 1!

Ancora una volta, è il momento di affondare il pedale dell'astrazione. Il lavoro dell'algebrista consiste nel rispondere alla seguente domanda: perché con certi insiemi di numeri e certe operazioni il teorema funziona, e per certe altre no? Cosa hanno di speciale le coppie insieme-operazione per le quali il teorema funziona? Dopo aver risposto a queste domande, l'algebrista ha ben chiara la situazione e sa dire quali siano le proprietà minime che una coppia insieme-operazione deve avere affinché valga il teorema. Si può quindi cominciare ad abbandonare gli esempi particolari e lavorare con un insieme di "cose", che non sono necessariamente dei numeri, e che non è necessario specificare cosa siano. La sola cosa importante è che le "cose" verifichino le proprietà minime individuate dall'algebrista. Stesso discorso vale per l'operazione usata per lavorare con le "cose" (l'addizione o la moltiplicazione negli esempi precedenti) che viene indicata con un simbolo nuovo, per esempio $*$. Così come prima potevamo fare $5+9$, ora possiamo fare *cosa 1* $*$ *cosa 2*. L'operazione $*$ deve verificare le famose proprietà minime, ma non è necessario che si sappia veramente cosa fa, cioè quale sia il significato (e il risultato) dell'operazione *cosa 1* $*$ *cosa 2*.

La forza del ragionamento sta nel fatto che $*$ non è né l'addizione, né la moltiplicazione, né qualsiasi altra operazione che vi possa venire in mente, ma è

ciò che hanno in comune tutte quelle operazioni per le quali il teorema è vero.

Platone ne andrebbe pazzo.

---

(2) **Teorema** Sia $(G, *)$ un gruppo finito. Allora per ogni $g \in G$

esiste un intero positivo n tale che $\underbrace{g * g * \ldots * g}_{n \text{ volte}} = e$.

Il teorema formulato nella struttura astratta è estremamente potente. Non solo vale per gli esempi particolari che hanno suggerito la formulazione generale, ma vale in situazioni che non ci saremmo mai neanche immaginati. In un certo senso si perde il controllo del teorema da noi stessi creato, perché non si sa più dire esattamente quali siano *tutte* le sue conseguenze.

Pensate allo stupore del primo matematico che, giocando con il cubo di Rubik, si è accorto di avere tra le mani un esempio di insieme-operazione per il quale vale il teorema. La cosa sembra veramente impossibile perché il cubo di Rubik non ha niente a che vedere con i numeri. Ma nella formulazione astratta, non si parla di numeri, ma di un ben più generico "cose". Infatti in questo caso le "cose" con cui abbiamo a che fare sono tutte le possibili mosse del cubo, per esempio una rotazione di $90°$ della faccia a sinistra seguita da una rotazione di $180°$ della faccia in alto. L'operazione $*$ è la composizione delle mosse, cioè *mossa 1 $*$ mossa 2* vuol dire semplicemente fare prima la mossa 1 e poi la mossa 2. Qual è la mossa "neutra" in questo caso? La mossa "neutra" è quella mossa che eseguita dopo una qualsiasi altra non ha alcun effetto, quindi corrisponde alla mossa "non fare niente", esattamente come lo 0 per l'addizione e l'1 per la moltiplicazione. A questo punto basta applicare il teorema formulato nell'ambiente astratto per ritrovare un risultato concreto, e cioè che ripetendo una qualsiasi mossa del cubo, dopo un certo numero di volte sarà come aver fatto la mossa "non fare niente", cioè il cubo sarà tornato alla configurazione dalla quale si era partiti.

Poiché il cubo di Rubik viene venduto già risolto (ogni faccia è dello stesso colore), l'unica cosa che dovete fare è fissare una sequenza di mosse e ripeterle finché non tornate al punto di partenza. Questo vi procurerà l'etichetta di "genio in matematica" tra i vostri amici. Ovviamente ciò non ha niente a che vedere con la risoluzione del cubo di Rubik nel minor numero di mosse possibile, problema tra l'altro ancora irrisolto. Si sa solo che 25 mosse sono sufficienti a risolverlo partendo da una qualsiasi configurazione iniziale, ma non è stato dimostrato che 25 sia il numero di mosse minimo possibile. Il cubo di Rubik nasconde ancora dei segreti dopo 35 anni dalla sua invenzione!

13

Logica matematica

(1) Consideriamo la frase:

Se una funzione è analitica allora è continua.

Non sapete cos'è una funzione analitica o una funzione continua? Non vi spaventate, ho scelto quelle parole esattamente per questo motivo. Il perché sarà chiaro a breve, spero.

I logici sono molto interessati a questa frase, ma allo stesso tempo non è loro interesse capire se una funzione sia analitica o continua perché non hanno alcuna intenzione di invadere il campo di ricerca di altri matematici. Ma se non si interessano a una di queste due cose, che cosa resta di interessante nella frase? Restano solamente due paroline, "se" e "allora". Sembra poco, ma per i logici ce n'è abbastanza per fare uno o due corsi universitari. Per capire la logica della Logica, è su queste due parole che dobbiamo concentrarci, dimenticando tutto il resto[1]. I logici, per concentrarsi al massimo sull'oggetto di studio, riducono al minimo lo spazio tra il "se" e l' "allora", trasformando la frase in qualcosa del tipo "se A allora B", lasciando agli altri il compito di riscrivere A e B come due frasi di senso compiuto. Capito questo, siamo pronti per assaporare i piaceri della Logica. La frase "una funzione è analitica" può essere vera o falsa, così come può essere vera o falsa la frase "una funzione è continua". Ma possiamo anche chiederci:

la frase "se una funzione è analitica allora è continua" è vera o falsa?

---

[1] Cos'è la matematica, se non l'arte di dimenticare tutto il resto?

Attenzione, quest'ultima domanda è diversa dalle prime due ed è già considerata interessante dai logici. Ma la domanda che veramente scalda loro il cuore è:

> se la frase "se una funzione è analitica allora è continua" è vera, allora è vera la frase "se una funzione non è analitica allora non è continua"?

La risposta è no, ma capisco che non è facile convincersene in pochi secondi. In compenso è vero che se è vera la frase "se una funzione è analitica allora è continua", allora è vera la frase "se una funzione non è continua allora non è analitica". (Non lo ripeterò più, avete capito perché si introduce il simbolismo matematico?)

A questo punto vi sarete persi, ma sappiate che un enorme numero di dimostrazioni matematiche si fonda sulla verità dell'ultima asserzione. È il famoso (e, come tale, spesso citato a sproposito) principio alla base della *dimostrazione per assurdo*. Se credo che qualcosa sia vero, ma non riesco a dimostrarlo, dimostro che è impossibile che sia falso. Un po' contorto ma innegabilmente elegante, e l'eleganza è il piacere supremo del matematico.

$$(1) \qquad (A \Rightarrow B) \not\Rightarrow (\neg A \Rightarrow \neg B) \,.$$
$$(A \Rightarrow B) \Leftrightarrow (\neg B \Rightarrow \neg A) \,.$$

(2) Queste poche righe sono più o meno il contenuto dei primi dieci minuti della prima lezione di un corso di Logica. Il problema ora è capire che cosa si studia nel tempo che resta...

Uno dei motori che ha mosso la ricerca in Logica sono i *paradossi*. Cosa sono? Come evitarli? Cominciamo a vedere cosa sono, con due esempi: il primo è il celeberrimo paradosso del mentitore, la cui formulazione risale a molti secoli or sono. Ne darò una versione più recente:

> FRASE 1: "La FRASE 2 è falsa".

> FRASE 2: "La FRASE 1 è vera".

Se la FRASE 1 è vera, allora non bisogna fidarsi della FRASE 2, e quindi bisogna concludere che la FRASE 1 è falsa. In conclusione, se la FRASE 1 è vera allora essa è falsa.

Al contrario, se la FRASE 1 è falsa, allora ci si può fidare della FRASE 2, e quindi bisogna concludere che la FRASE 1 è vera. In conclusione, se la FRASE 1 è falsa allora essa è vera.

La logica aristotelica, nella quale un enunciato non può essere contemporaneamente vero e falso, cade miseramente sotto i colpi di questo semplice esempio.

> (2) Non si può stabilire se la frase "Questa frase è falsa" sia vera o falsa.

(3) Il secondo celebre paradosso è un po' più complicato ma meraviglioso, tanto che vale la pena fare lo sforzo. Lo scopo è di far indovinare un numero qualunque a un vostro amico senza poterlo nominare. Per farlo, avete a disposizione tutte le parole della lingua italiana ma non potete usare più di cento lettere, spazi inclusi. Per far indovinare il numero 7, per esempio, potreste dire

il più grande numero primo minore di dieci.

La domanda che subito viene in mente al matematico è se a questo gioco si possa vincere sempre oppure no. La risposta è (ovviamente) no, basti pensare che le possibili frasi di meno di cento lettere che si possono comporre non sono infinite, mentre i numeri lo sono. Quindi necessariamente c'è qualche numero che resta escluso, cioè che non può essere definito con meno di cento lettere. Tra questi numeri indefinibili, ce ne sarà uno più piccolo di tutti, chiamiamolo x! Ricapitolando

x è il più piccolo numero che non si può definire con una frase di meno di cento lettere.

Ma … la frase appena scritta in corsivo ha meno di cento lettere! E quindi x si può definire!

> (3) La frase
>
> "Sia x il più piccolo numero che non si può definire con una frase di meno di cento lettere"
>
> definisce il numero x con meno di cento lettere.

L'esistenza di frasi allo stesso tempo vere e non vere, se da un lato appassiona il matematico, dall'altro lo angoscia un po'. O quanto meno, vuole capire come escludere in un colpo solo tutte queste frasi, magari aggiungendo delle limitazioni agli enunciati "enunciabili". La lingua comunemente usata per comunicare (l'italiano, per esempio, o l'inglese) non aiuta la precisione, a causa delle tante sfumature di significato che possono avere le frasi, anche le più semplici. Per esempio, si vorrebbe che almeno la congiunzione "e" fosse simmetrica, cioè che "compra burro e farina" fosse sostanzialmente equivalente a "compra farina e burro". Ma confrontate le due frasi "Alice si è sposata e ha avuto un figlio" con la frase "Alice ha avuto un figlio e si è sposata". Una sottile sfumatura di significato ha rovinato la mirabile simmetria della congiunzione. Che fare? Catalogare tutte le possibili sfumature di significato di tutte le parole di tutte le lingue del mondo? Non sembra una soluzione praticabile, e quindi non resta altro da fare che sbarazzarsi delle lingue.

(4) Da questo momento in poi, si ragiona in astratto (tanto per cambiare): le lettere dell'alfabeto vengono sostituite da simboli (per esempio ★, ⊛, •), e le parole diventano tutte le combinazioni possibili dei simboli del nuovo alfabeto, come ★ ⊛ ⊛ oppure •★★ ⊛ •. Con le parole si fanno le frasi, come d'abitudine. Poi, si definisce quali frasi sono vere e quali non lo sono. Con queste frasi se ne compongono altre, e si stabilisce come dedurre la verità o la falsità di una frase a partire dalla verità o falsità di altre frasi.

Non è obbligatorio che le frasi del nuovo linguaggio si possano tradurre in un linguaggio comprensibile, come l'italiano. Per sapere quindi se una frase è vera, non possiamo usare il "senso comune", ma solo le regole formali che abbiamo introdotto. Se questo vi lascia smarriti, sappiate che lo scopo principale è proprio questo, lasciare da parte il "senso comune", che è spesso fallace.

---

(4) Una teoria formale S è definita quando sono soddisfatte le seguenti condizioni:

(i) È dato un insieme al più numerabile di simboli. Una sequenza finita di simboli si chiama *espressione* di S.

(ii) Esiste un sottoinsieme delle espressioni di S chiamato l'insieme delle *formule ben formate* (fbf).

(iii) Si privilegia un insieme di fbf e lo si chiama l'insieme degli *assiomi* di S. Se si può sempre decidere se una fbf è un assioma la teoria si dice *assiomatica*.

(iv) Esiste un insieme finito di relazioni $R_1, ..., R_n$ tra fbf, dette *regole di inferenza*. Per ciascuna R_i esiste un unico intero positivo k tale che, per ogni insieme di k fbf e ogni fbf $\mathcal{A}$, si può decidere effettivamente se le k fbf date stanno nella relazione R_i con $\mathcal{A}$, e, se questo accade, si dice che $\mathcal{A}$ è una *conseguenza diretta* delle date fbf per mezzo di R_i.

(5) Nel 1931, K. Gödel ha fatto una scoperta sensazionale, una vera pietra miliare nella storia del pensiero, che ha lasciato sbalorditi matematici e filosofi (a tutti gli altri, purtroppo, la notizia non è neanche arrivata). Egli ha dimostrato che se il linguaggio simbolico da noi creato comprende tutti i numeri e le quattro operazioni elementari (in pratica, è un linguaggio con cui posso fare della matematica elementare) allora si possono creare delle frasi di cui non si può dimostrare né la verità né la falsità. Esse vengono chiamate *indecidibili*.

Quindi, pur avendo eliminato tutti i possibili fraintendimenti dovuti alle sfumature di significato della lingua comune, rimangono ancora delle cose indecidibili che riguardano la semplice e familiare aritmetica.

(5) **Teorema** Sia S la teoria del primo ordine fondata sui postulati di Peano. Se in S non esiste alcuna fbf $\mathcal{A}$ tale che tanto $\mathcal{A}$ quanto $\neg\mathcal{A}$ sono teoremi di S, allora S contiene un enunciato indecidibile.

Di frasi indecidibili se ne può fare qualche esempio concreto.

(6) Una delle più famose è *l'ipotesi del continuo*, o primo problema di Hilbert. Per capire cosa dice, dobbiamo giocare un po' con l'infinito. Come accennavo nel capitolo 1, è possibile dare una precisa definizione di infinito, e creare una gerarchia di infiniti differenti, uno più grande dell'altro. L'infinito più piccolo che esiste è $\aleph_0$, che vi dice quanti sono i numeri naturali 1, 2, 3,... I nume-

ri pari, sebbene siano evidentemente meno dei numeri naturali, sono anch'essi infiniti e sono anch'essi $\aleph_0$ (fidatevi). È facile continuare a costruire insiemi infiniti sempre più grandi, e le rispettive infinità si indicano con $\aleph_1$, $\aleph_2$, $\aleph_3$ e così via all'infinito (*pardon*, e così via $\aleph_0$ volte).

Consideriamo ora tutti i numeri, compresi quelli con la virgola e quelli con infinite cifre decimali come π. Si può facilmente dimostrare che essi sono più di $\aleph_0$ ma il problema è... quanto di più? L'ipotesi del continuo afferma che sono $\aleph_1$, cioè il primo infinito appena successivo a quello dei numeri naturali. Per essere più espliciti, possiamo ragionare in questo modo: prendiamo un insieme che contiene tutti i numeri naturali più qualche altro numero con la virgola, per esempio π, π^2 e 2,009. Esso avrà, per come l'abbiamo costruito, più elementi dell'insieme dei numeri naturali e meno elementi dell'insieme di tutti i numeri. L'ipotesi del continuo afferma che esso è infinito quanto l'insieme dei numeri naturali oppure è infinito quanto l'insieme di tutti i numeri, cioè non potrà stare "in mezzo".

Purtroppo è stato dimostrato che l'ipotesi del continuo non è decidibile, cioè non si può dimostrare se essa sia vera o falsa. Di conseguenza, un'infinità di scommesse tra logici sono rimaste senza vincitore e senza perdente.

---

(6) L'*ipotesi del continuo* afferma che non esiste un insieme X, $\mathbb{N} \subset X \subset \mathbb{R}$ che non possa essere messo in corrispondenza biunivoca né con $\mathbb{N}$ né con $\mathbb{R}$. L'ipotesi del continuo è indecidibile nella teoria assiomatica di Zermelo-Fraenkel, anche se estesa all'assioma della scelta.

Logica fuzzy

(1) La logica fuzzy nasce dalla domanda: "Un uomo di 60 anni è vecchio?". Il matematico, infastidito dal fatto di non poter rispondere né con un secco "sì" né con un secco "no" (e non volendo rassegnarsi all'idea che la cosa sia indecidibile), decide di rispondere con "no al 40% e sì al 60%". Scommetto che una risposta così vi fa subito pensare al calcolo delle probabilità, vero?

Provate a dirlo a L. Zadeh, che nel 1965 ha introdotto la Logica fuzzy, vi mangerà vivi! Non vuole dire che c'è un 40% di probabilità che l'uomo sia giovane e un 60% che sia vecchio, ma vuole dire che l'uomo è giovane e vecchio allo stesso tempo, e le due cose sono ripartite rispettivamente al 40% e al 60%. La matematica del bianco o nero è così sconfitta. Ora ogni cosa può essere vera e falsa allo stesso tempo.

(1) Sia Ω l'insieme universale. Un insieme fuzzy è definito da una coppia (A, μ_A), dove A è un insieme e $\mu_A : \Omega \to [0, 1]$ è la *funzione di appartenenza* di A. $\mu_A(x)$ specifica "quanto" l'elemento x appartiene all'insieme A. Nella teoria classica degli insiemi $\mu_A(x) \in \{0, 1\}$ (cioè $x \in A$ oppure $x \notin A$). Le funzioni di appartenenza dell'unione/intersezione di due insiemi e del complementare di un insieme si ottengono nel seguente modo:

$$\mu_{A \cap B}(x) = \min(\mu_A(x), \mu_B(x)),$$

$$\mu_{A \cup B}(x) = \max(\mu_A(x), \mu_B(x)),$$

$$\mu_{A^C}(x) = 1 - \mu_A(x).$$

Ma non vi allarmate, la Logica fuzzy non vuole invadere il campo della filosofia, anzi, essa è storicamente materia da ingegneri, e viene usata ogni qualvolta si debba controllare l'incontrollabile.

(2) L'esempio tipico è la costruzione di una mano robotizzata che sia in grado di reggere sul palmo un'asta in posizione verticale. Come è ben noto a chiunque ci abbia provato, è necessario muovere in continuazione la mano per riuscire nell'impresa, il che vuol dire che bisogna programmare il robot in modo che si muova in continuazione in base ai movimenti dell'asta. Ecco arrivare il matematico, che, fiero dei risultati esposti nel capitolo 2, e con la spocchia che lo contraddistingue allorquando si rivolge a un ingegnere, dice: "Questa è la formula per calcolare il movimento della mano in funzione dell'inclinazione dell'asta". Sfortunatamente, il matematico riceverà presto la telefonata dell'ingegnere che gli comunicherà che il robot, istruito a dovere sull'equazione di Hamilton-Jacobi, ha miseramente fallito il suo obiettivo. Motivo?

Il computer di cui è dotato il robot è troppo lento per calcolare in tempo utile i giusti movimenti da fare e non è in grado di misurare l'inclinazione dell'asta con la precisione necessaria. Eppure un uomo è perfettamente in grado di tenere l'asta in equilibrio, tra l'altro senza risolvere nessuna equazione differenziale a mente in tempo reale. Semplicemente, segue il movimento dell'asta: se essa cade un po' a destra, si sposta un po' a destra, se cade molto a destra, si sposta molto a destra, e così via. Metodo un po' rozzo ma perfettamente funzionante. Ora, basta tradurre quello che fa il cervello in linguaggio fuzzy: l'asta cade un po' a destra = è al 30% vero che l'asta cade a destra, l'asta cade molto a sinistra = è all'90% vero che l'asta cade a sinistra, e così via. Dopodiché si istruisce il robot per eseguire questo tipo di ordini e… potenza del mondo fuzzy, il robot riesce a tenere l'asta in equilibrio! E ci riesce anche se sulla sommità dell'asta mettiamo un piccolo piattino con un topo vivo sopra, rendendo così completamente imprevedibile il movimento dell'asta!

(2) Un controllore fuzzy è un apparecchio che accetta in input $n \in \mathbb{N}$ valori I_k, $k = 1, \ldots, n$ e produce un valore O in output. I valori in input e il valore in output sono *crisp*, sono cioè precisi valori numerici e non gradi di appartenenza a un insieme. Il processo è deterministico, cioè a stessi input corrisponde lo stesso output.

L'output è creato valutando un numero qualsiasi di regole della forma "Se I_k è in A, allora O è in B" dove A e B sono due insiemi precedentemente definiti, eventualmente come unione/intersezione/complementare di altri insiemi. Le regole sono valutate tramite le funzioni di appartenenza μ degli insiemi che compaiono in esse. L'output fuzzy viene poi trasformato in un valore crisp. Le funzioni di appartenenza sono scelte in base a criteri oggettivi oppure tramite un processo iterativo di ottimizzazione, come per esempio un algoritmo genetico.

14

Crittografia e teoria dei codici

La crittografia è vecchia come il mondo. È l'infinita storia di Alice, Bob e Eve: Alice e Bob vogliono scambiarsi dei messaggi ma non vogliono che Eve li legga, anche nel caso in cui riesca a intercettarli. Decine e decine di volte Alice e Bob hanno creduto di avere inventato un metodo infallibile per cifrare i loro messaggi, ma dopo poco tempo hanno visto il loro entusiasmo scemare: Eve aveva trovato un sistema per decifrare il messaggio ancora più furbo di quanto non fosse quello per cifrarlo, e aveva comunicato al mondo intero i loro segreti. La morale è che cifrare e decifrare non sono altro che due facce della stessa medaglia, e nessuno ha mai creato una medaglia con una faccia sola.

(1) Un metodo classico per cifrare un messaggio consiste nel cambiare le lettere dell'alfabeto secondo una data regola, nota solo ad Alice e Bob. Per esempio, ogni lettera viene spostata di due posizioni in avanti nell'alfabeto (A diventa C, B diventa D, C diventa E, Z diventa B, ecc). Il messaggio così trasformato assume una forma del tipo

ELG EQUC LQ UETMVVQ?

risultando quindi apparentemente illeggibile[1]. Per la cronaca, questo metodo è stato usato da Giulio Cesare e – indipendentemente – da chi scrive (nel caso di Giulio Cesare per avere informazioni dal fronte, nel mio caso per scambiare messaggi con un amico delle elementari).

---

[1] Che cosa ho scritto?

(1) Sia $n \in \mathbb{N}$ e sia $S = \{a_i\}_{i=1,\ldots n}$ l'insieme dei simboli con i quali è scritto il messaggio (ad esempio le lettere dell'alfabeto). Fissata una *chiave* $k \in \{1, 2, \ldots, n-1\}$, l'operazione di cifratura consiste nel sostituire ogni lettera del messaggio con un'altra lettera appartenente ad S, secondo la seguente regola: la generica lettera a_i viene sostituita dalla lettera $a_{j(i)}$ dove $j(i)$ è dato da

$$j(i) = \begin{cases} i + k & \text{se } i + k \leq n \\ i + k - n & \text{altrimenti.} \end{cases}$$

Per decifrare, è sufficiente sostituire la generica lettera a_j con la lettera $a_{i(j)}$ dove

$$i(j) = \begin{cases} j - k & \text{se } j - k \geq 1 \\ j - k + n & \text{altrimenti.} \end{cases}$$

Eve, per leggere il messaggio, deve fare tre cose: la prima è *intercettarlo*. La seconda è capire il *metodo di codifica* utilizzato, cioè che ogni lettera è stata spostata di un certo numero di posti. Infine deve capire la *chiave* della codifica, cioè il numero dei posti di cui ogni lettera è spostata (2, nel nostro caso). La lunga storia della crittografia insegna che il vero e unico punto di forza di un codice è la chiave. Infatti è sufficiente un infiltrato nell'*entourage* di Alice o Bob per scoprire – una volta per tutte – sia il mezzo di comunicazione del messaggio sia il metodo di codifica. La chiave invece può essere modificata spesso ed è di fatto l'unica cosa che garantisce a lungo la segretezza del codice. Per questo motivo, al giorno d'oggi, il mezzo e il metodo sono normalmente resi pubblici e considerati per nulla importanti.

Il problema della crittografia – come si vede – è interessante e quantomai complesso. Ma... cosa c'entra la matematica?

C'entra. Nel mondo dei computer tutte le informazioni (testi, immagini, suoni, ecc.) sono codificate con sequenze di 0 e 1. La parola "Hi", per esempio, viene memorizzata utilizzando la stringa 0100100001011001.

(2) Inoltre, come accennato nel capitolo 11 dedicato alla teoria dei numeri, qualsiasi stringa di 0 e 1 corrisponde a un numero e viceversa:

1 = 1

2 = 10

3 = 11

4 = 100

5 = 101

6 = 110 ...

Così facendo, è facile associare a ogni parola, immagine o suono un numero. Per esempio il mio nome potrebbe essere associato al numero 3.652.765.

---

(2) La stringa $a_n a_{n-1} \ldots a_0$, con $a_i \in \{0, 1\}$ per ogni $i = 0, 1, \ldots, n$, interpretata come numero in base 2 corrisponde al numero

$$x = \sum_{k=0}^{n} a_k 2^k .$$

Ora, i numeri sono, da sempre, soluzioni di problemi matematici. E allora, cosa c'è di meglio che trasmettere a Bob un problema matematico difficilissimo la cui soluzione è il messaggio voluto? Sembrerebbe un'idea geniale ma, direte voi, se il problema matematico è così difficile, come fa Bob a risolverlo? Diciamo che se egli ha a disposizione un aiuto... una chiave per esempio... allora il problema matematico non sarà poi così difficile, e il gioco è fatto!

(3) I metodi di crittografia a chiave pubblica sono a oggi tra i metodi più diffusi per la sicurezza informatica. Il sistema si basa sulla scelta di un numero n tale che esso sia il prodotto di due numeri primi p e q. Per esempio possiamo scegliere $p = 13$ e $q = 5$, da cui ricaviamo $n = 13 \times 5 = 65$. Poi dal numero n, con qualche operazione, si ricavano altri due numeri, chiamati e e d. I tre numeri (n, e, d) costituiscono la chiave del codice, ma essi vengono trattati in maniera differente l'uno dall'altro. Più precisamente, i numeri n ed e sono resi pubblici, ma essi sono sufficienti solamente per cifrare il messaggio (quindi chiunque può farlo): sarà sufficiente far fare a un computer qualche moltiplicazione e divisione.

Al contrario, il numero d è tenuto segreto, così come i numeri p e q. In realtà solamente il numero d è necessario per decifrare il messaggio, ma se p e q fossero resi pubblici, sarebbe piuttosto facile trovare d.

Mettiamoci ora nei panni di Eve e cerchiamo di decifrare il messaggio senza conoscere le chiavi segrete. L'unica vera difficoltà sta nel trovare p e q a partire da n, che vi ricordo essere pubblico. Nell'esempio di prima, bisogna solamente trovare i numeri 13 e 5 conoscendo il numero 65, e basta. La cosa si può fare in pochi secondi con l'aiuto di una calcolatrice, semplicemente procedendo per tentativi. Per farlo fare a un computer, è sufficiente programmarlo in modo che divida 65 per tutti i numeri primi compresi tra 2 a $\sqrt{65}$ finché il risultato della divisione è un numero intero.

---

(3) Scegliere $n = pq$ con p e q primi. Scegliere d compreso tra $\min(p, q)$ e $(p-1)(q-1)$ tale che non abbia fattori in comune con $(p-1)(q-1)$. Calcolare e risolvendo

$$ed \ (\mathrm{mod} \ (p-1)(q-1)) = 1 \ .$$

Sia $P \in \mathbb{N}$ il messaggio da cifrare. Il messaggio cifrato è

$$C = P^e \ (\mathrm{mod} \ n) \ .$$

Per decifrare il messaggio,

$$P = C^d \ (\mathrm{mod} \ n) \ .$$

I numeri n e e vengono resi pubblici e servono per cifrare il messaggio. I numeri p, q e d vengono tenuti segreti. Per decifrare è sufficiente conoscere n e d. Per trovare d conoscendo solo n ed e, si deve fattorizzare n calcolando p e q e poi risolvere

$$ed \ (\mathrm{mod} \ (p-1)(q-1)) = 1 \ .$$

State sicuramente sperando che l'ultima volta che avete usato la carta di credito su Internet i vostri dati siano stati cifrati con un metodo ben più sofisticato di questo... Diamine, siamo nel 2009, non metteranno tutti i nostri soldi in mano al primo matematico capace di fare qualche divisione... E invece è proprio così! La crittografia a chiave pubblica è usatissima nelle transazioni bancarie online. Comunque, per convincervi di quanto sia potente la crittografia a chiave pubblica e rassicurarvi riguardo ai vostri acquisti, potete fare voi stessi la seguente prova: comprate il computer più potente che potete, programmatelo in modo tale che divida un numero qualsiasi n per tutti i numeri primi compresi tra 2 e $\sqrt{n}$, e provate con questo numero:

109.417.386.415.705.274.218.097.073.220.403.576.120.037.329.

454.492.059.909.138.421.314.763.499.842.889.347.847.179.972.

578.912.673.324.976.257.528.997.818.337.970.765.372.440.271.

467.435.315.933.543.338.97 .

Poi fatemi sapere.

(4) Esiste il codice perfetto, quello che non si può decifrare neanche con un computer ideale capace di infinite operazioni al secondo? Non solo esiste, ma è anche facile da spiegare. È una semplice variante del metodo di Giulio Cesare descritto precedentemente, con l'unica differenza che ogni lettera è spostata di un numero di posti differente. La chiave è quindi un numero di tante cifre quante sono le lettere del messaggio e ogni cifra rappresenta lo spostamento della lettera corrispondente. Per esempio, la parola CIAO, criptata con la chiave 1234, diventa $(C + 1)(I + 2)(A + 3)(O + 4) = DMDS$.

Perché questo codice è veramente impossibile da decifrare? Semplice, perché il testo DMDS può significare, a seconda della chiave, CIAO o DOPO o FAME o una qualsiasi parola di quattro lettere. E ognuna di queste parole ha *la stessa probabilità* di essere quella corretta!

Ma affinché il codice sia veramente impossibile da decifrare, le cifre della chiave devono essere scelte in maniera completamente casuale, cioè non ci devono essere numeri "privilegiati" che compaiono più di altri o sequenze "privilegiate" di numeri che compaiono più di altre.

(4) Come in (1), con la differenza che il numero k è differente per ogni lettera del messaggio. Nel caso in cui il messaggio sia costituito da L lettere, la chiave k è un elemento di $\{1, 2, ..., n - 1\}^L$. Inoltre, supponendo di non conoscere la chiave $k = (k_1, ..., k_L)$, le variabili aleatorie k_h, $h = 1, ..., L$ devono essere indipendenti ed equiprobabili.

E qui cominciano i guai.

Come programmare un computer in modo che esso produca una sequenza di numeri casuali? "Programmare" un computer vuol dire fargli eseguire una serie di istruzioni in successione, e poiché la serie di istruzioni non può che essere predeterminata, essa non è casuale e in generale non si comporta neanche come tale. Per esempio, è possibile che la sequenza di numeri generata dal computer contenga troppe volte il numero 5 di quanto dovrebbe essere, e ciò rende molto più facile l'opera di decodifica. Inoltre, il programma stesso con cui è stata prodotta la sequenza di numeri "casuali" deve essere tenuto segreto al pari della chiave generata, perché grazie a esso sarebbe immediato ricostruire la chiave. Per ottenere una buona sorgente di numeri casuali è preferibile rivolgersi alla natura piuttosto che a un informatico. Per esempio, il rumore prodotto da una radio sintonizzata su una frequenza libera, debitamente tradotto in numeri, è una buona soluzione.

Ma se è più o meno facile costruire la chiave, altri problemi ci attendono: non vi sarà sicuramente sfuggito il fatto che la chiave deve essere lunga quanto il messaggio. Di conseguenza, se non siete in grado di inviare il messaggio senza farvi intercettare, perché dovreste essere in grado di inviare la chiave senza farvi intercettare? In sostanza, l'unico modo per utilizzare questo tipo di codice è il caso in cui lo scambio della chiave possa essere fatto in modo sicuro *prima* dello scambio del messaggio vero e proprio, per esempio incontrandosi di persona.

Ma c'è ancora un altro tipo di problema che sicuramente vi è sfuggito: la chiave, dopo essere stata generata e scambiata, può essere utilizzata una volta sola, dopodiché perde il suo potere magico di indecifrabilità. Infatti, avendo a disposizione più messaggi criptati con la stessa chiave, è possibile analizzare il testo criptato alla ricerca di successioni di lettere che si ripetono, e studiare poi la distanza tra le porzioni di testo ripetute. Fatto ciò, si sfrutta una proprietà molto nota, la cosiddetta "ricorrenza delle lettere". Si sa per esempio che nella lingua italiana la lettera "a" è più frequente della lettera "p", che a sua volta è più frequente della lettera "w". Un'analisi del testo basata su questa osservazione mette in luce una vera e propria "struttura" (i crittologi parlano di "carattere" o "anima" ... lasciamoli fare...) che permette di assegnare a ogni lettera il numero con cui è stata cifrata. È bene sapere che un gran numero di tecniche di cifratura sono miseramente cadute a causa della "ricorrenza delle lettere". In conclusione, se usiamo la chiave più di una volta il nostro codice indecifrabile sarà decifrato in poche ore.

La regola empirica che misura il grado di sicurezza di un codice è semplice, non ha niente a che vedere con la matematica, e funziona perfettamente.

Un testo cifrato è indecifrabile se il costo necessario per decifrarlo supera il guadagno che si ottiene dalle informazioni in esso contenuto.

Più semplice di così!

Ma non tutti i codici vengono per nuocere. Se non vi appassiona l'idea di lavorare per nascondere le informazioni agli altri, vi potrebbe interessare il problema opposto, cioè fare arrivare a tutti i costi un'informazione anche se la trasmissione del messaggio richiede mille difficoltà. È il caso, per esempio, delle trasmissioni radio con i veicoli spaziali che mandiamo in giro per il sistema solare a studiare i vari pianeti. A causa di interferenze varie, difetti nelle antenne, cattivo tempo e via dicendo, spesso il messaggio arriva corrotto o semplicemente non arriva. Gli scienziati hanno quindi cercato un modo per trasmettere un messaggio in modo tale che esso possa essere ricostruito anche se in parte corrotto da cause esterne.

L'idea di base sta, come è ovvio, nella *ridondanza* dell'informazione. Se il libro che avete in mano fosse

fosse scritto così sareste in grado di leggerlo anche se ci cadesse sopra una goccia di caffè o fosse mangiucchiato dal vostro cane. Per contro, sarebbe lungo diecimila pagine e per leggerlo vi servirebbe come minimo un leggio.

(5) I matematici si sono messi all'opera. Gli ingredienti principali, come al solito, sono spazi astratti e estensioni più o meno folli del concetto di distanza. Stavolta ci mettiamo dentro uno spazio in cui i punti sono le parole del nostro vocabolario. Facciamo in modo che abbiano tutte la stessa lunghezza, per esempio 6, aggiungendo delle x se sono troppo corte (fare = farexx) o spezzandole in due tronconi se sono troppo lunghe (mangiare = mangia rexxxx). Poi, definiamo la distanza tra due parole come il numero di lettere che esse non hanno in comune. Per esempio, la distanza tra "patto" e "ratto" è 1, quella tra "mano" e "pane" è 2. Una volta definito il nostro spazio e la nostra distanza, possiamo cominciare a divertirci un po'. Per esempio, possiamo parlare di un *cerchio di raggio 2 e centro "ciao"* definendolo come l'insieme delle parole a distanza 2 dal punto "ciao". In sostanza, possiamo fare della geometria nello spazio delle parole.

Ma poiché il nostro obiettivo è un altro, cerchiamo piuttosto un insieme di parole dove la distanza tra due parole qualsiasi sia almeno 3. Quindi, se la parola "pasta" è nell'insieme, allora non ci sarà la parola "pesto" perché è troppo vicina, e ne faremo a meno (addio pasta al pesto se la comunicazione è disturbata). Trovato un insieme di parole con questa proprietà, creiamo il messaggio da trasmettere facendo attenzione a utilizzare solamente le parole dell'insieme. Se durante la trasmissione verrà corrotta non più di una lettera a parola, allora saremo in grado di ricostruire completamente il messaggio inviato semplicemente cercando la parola dello spazio più vicina a quella arrivata. L'operazione è un po' laboriosa da fare a mano ma... i computer non sono stati inventati solo per giocare ai videogiochi. Se la *comynicaqione è mblto diskurjata* e la possibilità di correggere una lettera a parola non è sufficiente, possiamo ovviamente cercare un altro spazio dove la distanza minima tra due parole qualsiasi sia 5 o 20, ma in questo caso dovremmo aumentare la lunghezza delle parole.

---

(5) Si definisce *alfabeto* di lunghezza q un insieme $F = \{x_1, ..., x_q\}$. F^n viene detto *spazio delle parole* di lunghezza n.
La *distanza di Hamming* tra due parole $x, y \in F^n$ è definita come il numero di componenti diverse tra x e y e si indica con $d_H(x, y)$.
Un codice C di lunghezza n e ordine q è un sottoinsieme di F^n con $|F| = q$.
Se $\min_{x,y \in C} d_H(x, y) = d$, allora si pone

$$e := \left\lfloor \frac{d-1}{2} \right\rfloor$$

e si dice che il codice è *e*-correttore. Infatti, se durante la trasmissione ogni parola viene corrotta al più di *e* lettere, il messaggio può essere ricostruito completamente sostituendo a ogni parola ricevuta la parola del codice a lei più vicina.

I codici correttori sono nati negli anni '40. Da allora i matematici si sono scervellati per trovare insiemi di parole che ottimizzassero le prestazioni del codice correttore, cioè che permettessero di correggere molti errori senza per questo allungare troppo il messaggio da inviare. Il tutto unito alla necessaria facilità di codifica e decodifica. Alcuni di questi codici sono stati usati da varie sonde in missione su Marte per spedire le foto sulla Terra. Niente male, per chi perde tempo a disegnare cerchi negli spazi di parole.

I codici correttori possono essere usati anche al solo scopo di segnalare che il messaggio è stato corrotto, senza necessariamente correggerlo. La cosa può essere utile, per esempio, nelle comunicazioni tra computer, quando c'è il rischio che il messaggio non arrivi integro a destinazione. Nel caso in cui sia stato rivelato un errore di trasmissione, la macchina ricevente chiede alla macchina mittente di inviare una seconda volta la parte di messaggio corrotta.

(6) Alcune soluzioni trovate dai matematici per creare codici di questo tipo sono a dir poco bizzarre, e si basano su strutture matematiche che non hanno a priori niente a che vedere con la teoria dei codici. Vi ricordate i polinomi? Quelle cose tipo $ax^2 + bx + c$ che servivano per fare le famose "espressioni", che alcuni ricordano con gioia perché "sì, quelle le sapevo fare!". Nei cosiddetti codici *ciclici*, il messaggio da inviare viene dapprima trasformato in un numero, e poi in un polinomio, per esempio $3x^3 + x + 1$. Una volta arrivato a destinazione, il polinomio viene moltiplicato per un altro polinomio "di controllo", che è stato scelto all'inizio del processo insieme al metodo di codifica. Se il risultato della moltiplicazione è zero (magia!) il messaggio non è stato corrotto.

---

(6) Sia $F = GF(p^h)$ un campo di Galois. Un codice C si dice *lineare* se C è un sottospazio vettoriale di F^n. Esso si dice *ciclico* se

$$(c_0, \ldots, c_{n-1}) \in C \Rightarrow (c_{n-1}, c_0, \ldots, c_{n-2}) \in C \,.$$

Definito $F_{n-1}[x] := F[x]/(x^n - 1)$, si ha che ogni elemento $c = (c_0, \ldots, c_{n-1}) \in C$ può essere pensato come il polinomio

$$c(x) = c_0 + c_1 x + \ldots + c_{n-1}x^{n-1} \in F_{n-1}[x] \,.$$

Sia $g(x)$ l'unico polinomio monico di grado minimo in C lineare ciclico. Esso viene detto *polinomio generatore*. Sia $h(x)$ il polinomio tale che $h(x)g(x) = x^n - 1$. $h(x)$ è detto *polinomio di controllo*.

Si può verificare che c è una parola del codice dalla proprietà $c(x)h(x) = 0$.

Quindi, ripensandoci un attimo, tutte quelle espressioni che vi dava da fare la professoressa di matematica non erano poi così inutili, soprattutto quando il risultato era zero. Pensavate al tempo sprecato per arrivare a quello stupido risultato, quando invece avreste potuto esclamare: "Il messaggio inviato da Plutone dalla sonda *xyz* è corretto!".

15

Altra matematica

Se Archimede fosse qui, adesso, con gli strumenti che abbiamo noi,
tempo sei mesi insegnerebbe all'università,
e poi ... chissà.

Prof. S. Maracchia

Storia della matematica

La matematica non si studia necessariamente in ordine cronologico, ma seguendo altri criteri, il più importante dei quali è quello di procedere per gradi di astrazione sempre maggiori. Seguire lo stretto ordine temporale delle scoperte dà luogo, in certi casi, a un apprendimento molto confusionario, poco uniforme e privo di una visione d'insieme. Alcuni grandi matematici sono diventati tali proprio per aver superato il processo storico, e aver unificato più risultati ottenuti con differenti metodi e differenti gradi di astrazione in un'unica raccolta ordinata, pulita e rigorosa. Gli storici della matematica si muovono nella direzione opposta, cercando di ricostruire i singoli contributi che sono successivamente confluiti fino a formare la matematica moderna.

Esistono due modi di pensare alla matematica. Il primo è quello "platonico", secondo il quale la matematica è preesistente all'uomo. Essa si trova "da qualche parte" (Platone direbbe nell'*iperuranio*) e spetta agli uomini scoprirla a poco a poco. Il sapere matematico cresce quindi in maniera pressoché indipendente dai singoli studiosi, nessuno dei quali risulta essere veramente fondamentale. In altre parole, se cambiassimo la storia eliminando un grande matematico prima che lasci traccia dei suoi studi, lo sviluppo della matematica subirebbe uno scossone, ma non un vero cambio di rotta.

Il secondo modo, più "aristotelico", afferma che siano gli uomini a inventare le strutture complesse partendo dalle nozioni più semplici, e che quindi sia il genio matematico a creare una discontinuità tra quello che lascia e quello che trova.

Gli storici platonici analizzano e commentano lo sviluppo delle idee matematiche a posteriori, ripercorrendone le tappe fondamentali, mentre quelli aristotelici concentrano la loro attenzione sulla vita dei singoli matematici, analizzando le loro opere e le loro relazioni con la comunità scientifica dell'epoca.

Molti sono i fatti che sembrano confermare la visione platonica della matematica. Per esempio, è spesso accaduto che due matematici vissuti senza avere contatti tra loro abbiano avuto negli stessi anni la stessa idea su un possibile sviluppo di una certa teoria. La scomparsa prematura di uno dei due non avrebbe quindi influenzato il progresso della matematica. O ancora il caso di un matematico che fa una scoperta importante senza accorgersi che essa non è solo importante, ma è eccezionale, al pari di un minatore che pensa di avere trovato un piccolo filone d'oro senza accorgersi che esso invece è enorme. Tipica situazione, questa, in cui si trova l'esploratore cui manca ancora la visione d'insieme del territorio in cui si trova. L'inventore invece difficilmente si trova nella situazione in cui la sua invenzione è migliore di quanto egli avesse immaginato.

(1) Molto significativa è la storia delle equazioni. Una continua evoluzione, a partire dai concetti più semplici fino ad arrivare alle strutture più astratte, apparentemente indipendenti dagli uomini che l'hanno accompagnata e dai luoghi che l'hanno ospitata. La storia ha inizio con i babilonesi e gli egiziani, quando si passa dalla domanda "quanto fa 2 + 3?" alla ben più impegnativa domanda "qual è il numero che sommato a 2 fa 5?". Successivamente, in Grecia, i problemi cominciano a diventare più complessi e appaiono i primi metodi risolutivi di un certo spessore. Nei secoli successivi, lentamente, si comincia ad astrarre il problema, allontanandosi dai casi particolari e cominciando a cogliere le soluzioni comuni a vari tipi di equazioni, che vengono in questo modo catalogate. Sono gli indiani prima, e gli arabi poi, che a partire dal IV sec. d.C. decidono che è l'ora di introdurre il simbolismo matematico, per

rendere più sintetica la scrittura e semplificare i passaggi più complessi. Nasce l'idea rivoluzionaria di dare un nome alla cosa che non si conosce (chiamarla *x*, per intenderci), e poi far finta di conoscerla. Sembra incredibile, ma questa è la chiave per arrivare a conoscerla davvero, la cosa. Nel Rinascimento è l'Europa al centro della scena. È qui che comincia lentamente a vedersi la scorrelazione tra problema matematico e realtà fisica. Nasce l'astrazione, e non si tornerà più indietro. Si scopre la famosa formula risolutiva delle equazioni di secondo grado, che tutti noi abbiamo imparato a memoria almeno una volta, e si cercano quelle per le equazioni di grado tre, quattro, cinque, ecc. (per la cronaca, dopo un po' si è scoperto che dal grado cinque in poi non esiste nessuna formula risolutiva, la palla è in mano agli analisti numerici, capitolo 8). Perso il contatto con la fisica e la geometria, nei secoli successivi i problemi vengono formulati direttamente in termini matematici, e risolti nel modo più generale possibile.

---

(1) XVIII–XVII sec. a.C., Egitto, *papiro di Rhind*:

Una quantità sommata con la sua metà diventa 16.

Conta con 2. Allora $\left(1 + \frac{1}{2}\right)$ di 2 è 3. Quante volte 3 deve essere moltiplicato per dare 16, lo stesso numero di volte deve essere moltiplicato 2 per dare il numero esatto. Allora dividi 16 con 3. Fa $5 + \frac{1}{3}$. Ora moltiplica $5 + \frac{1}{3}$ per 2. Fa $10 + \frac{2}{3}$. Hai fatto come occorre: la quantità è $10 + \frac{2}{3}$; la sua metà è $5 + \frac{1}{3}$ e la loro somma è 16.

III sec. d.C., Grecia, Diofanto, *Aritmetica*:

Dividere un numero dato in due numeri di cui è nota la differenza.

Che il numero dato sia 100 e che la differenza sia 40 unità. Trovare i numeri.

Poniamo uguale ad una incognita il più piccolo numero; il più grande sarà pertanto l'incognita più 40 unità. Ora, questa somma sono le 100 unità date, dunque 100 unità sono uguali a due incognite più 40 unità. Sottraiamo le quantità simili dai [membri] simili, cioè 40 unità

---

da 100 e inoltre 40 unità da 2 incognite più 40 unità. Le due incognite rimaste sono uguali a 60 unità e ciascuna incognita è 30 unità. Ritorniamo a quello che avevamo posto: il più piccolo numero sarà 30 unità, cosicché il più grande sarà 70 unità e la prova è evidente.

VI sec. d.C., India, Brahmagupta, *Brahama-Sphuta Sidd'hanta*:

Regola di moltiplicazione. Il prodotto di una quantità negativa con una positiva è negativa; di due negative, è positiva; di due positive, è positiva. Il prodotto di zero con una negativa o di zero con una positiva è nulla; di due zeri è zero.

Regola per una semplice equazione [del tipo $ax + b = cx + d$, nda]. La differenza di numeri assoluti, invertita, divisa per la differenza dell'incognita è [il valore dell'] incognita di un'equazione.

IX sec. d.C., Al Khuwarizmi[1] 1, *Al-giabr*[2] *2 wa-l-muqabala*:

Dividi 10 in due parti e dividi una delle due parti nell'altra in modo da ottenere 4.

Già sai che quando moltiplicherai il risultato della divisione per il divisore, otterrai quanto dovevi dividere.

XII sec. d.C., India, Bhaskara, *Lilavati*:

Un quinto di uno sciame di api si posa su un fiore di Kadamba, un terzo su un fiore di Silindha. Tre volte la differenza tra i due numeri volò sui fiori di un Kutujan e rimase solo un'ape, che si librò qua e là per l'aria, ugualmente attirata dal grato profumo di un Gelsomino e di un Pandamus. Dimmi tu ora, donna affascinante, qual era il numero delle api.

---

[1] Dal nome Al Khuwarizmi deriva la parola "algoritmo".
[2] Dal nome Al-giabr deriva la parola "algebra".

XIII sec. d.C., Italia, Leonardo Pisano detto Fibonacci, *Liber Abaci*:

> [...] quattro uomini aventi del denaro trovarono una borsa, e per essi [risulta che il denaro de] il primo con [i denari del] la borsa supera per il doppio [i denari de] il secondo e terzo uomo. Il secondo [con il denaro della borsa supera] il terzo e il quarto per il triplo. Il terzo [supera] il quarto ed il primo per il quadruplo. Il quarto uomo, poi, con la borsa, supera il primo ed il secondo per il quintuplo.
>
> Mostrerò però che questo problema è insolubile se non si ammette che il primo [uomo] abbia un debito.

XVI sec. d.C., Italia, Girolamo Cardano, *Ars magna*:

> Le tre soluzioni dell'equazione $x^3 + ax^2 + bx + c = 0$ si ricavano con opportuni calcoli dalla formula
>
> $$x = \sqrt[3]{-\frac{q}{2} + \sqrt{\frac{q^2}{4} + \frac{p^3}{27}}} + \sqrt[3]{-\frac{q}{2} - \sqrt{\frac{q^2}{4} + \frac{p^3}{27}}} - \frac{a}{3}$$
>
> dove
>
> $$p = -\frac{a^2}{3} + b, \quad q = \frac{2a^3}{27} - \frac{ab}{3} + c.$$

(2) Ancora più sorprendente la storia della scoperta delle geometrie non euclidee. Tutto cominciò con gli *Elementi*, la famosa opera di Euclide scritta verso il 300 a.C. Una sistemazione colossale delle conoscenze geometriche fino ad allora acquisite. Euclide introduce ventitré definizioni e cinque *postulati*, cioè cinque frasi la cui veridicità non viene dimostrata ma viene semplicemente data per scontata.

(2) I cinque postulati di Euclide:

I.   Risulti postulato: che si possa condurre una linea retta da qualsiasi punto ad ogni altro punto.

II.   E che una retta terminata (= finita) si possa prolungare continuamente in linea retta.

III. E che si possa descrivere un cerchio con qualsiasi centro ed ogni distanza (= raggio).

IV. E che tutti gli angoli retti siano uguali tra loro.

V.   E che, se una retta venendo a cadere su due rette forma gli angoli interni e dalla stessa parte minori di due retti (= tali che la loro somma sia minore di due retti), le due rette prolungate illimitatamente verranno ad incontrarsi da quella parte in cui sono gli angoli minori di due retti (= la cui somma è minore di due retti).

Da questi egli costruisce gran parte della geometria piana e solida, dimostrando le proprietà riguardanti le figure geometriche. Ma fin dall'inizio l'ultimo dei cinque postulati sembra stonare. È il cosiddetto *postulato della parallela* che afferma che (vedi Fig. 15.1) data una retta r e un punto P non appartenente a essa, esiste un'unica retta s passante per il punto P e parallela alla retta r. Il sospetto era che il V postulato non dovesse essere necessariamente preso come tale, ma che si potesse ricavare dagli altri quattro. Sappiate che il peggior affronto per un matematico è sentirsi dire che un suo teorema contiene un'ipotesi di troppo, cioè una frase che si pensa debba essere assunta per vera quando invece è già vera, perché conseguenza delle altre ipotesi fatte (per esempio, "se è ferragosto ed è estate, allora fa caldo"; se è ferragosto è sicuro che è estate,

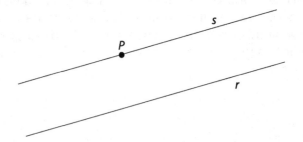

Fig. 15.1. Il postulato della parallela

quindi l'ipotesi "è estate" può essere eliminata). Euclide stesso ha forse avuto un dubbio riguardo alla necessità del V postulato, ciò nonostante non è riuscito a farne a meno. Dopo di lui, per secoli, fior di matematici si sono scervellati per eliminare il V postulato, commettendo errori più o meno grossolani. Comunque anche i ragionamenti sbagliati fanno parte del gioco e servono a far venire nuove idee, auspicabilmente giuste, ad altri matematici.

E qui entra in gioco la dimostrazione per assurdo (vedi capitolo 13). Per dimostrare che una cosa è vera, suppongo che essa sia falsa; se il ragionamento porta a concludere delle assurdità, vuol dire che non era lecito assumere che la cosa fosse falsa, e quindi deve essere vera.

(3) E allora, proviamo a vedere che succede supponendo che il V postulato sia falso. E la risposta stupefacente è che ... non succede niente di assurdo. Semplicemente si può fare una nuova geometria, perfettamente sensata, non contraddittoria, dove per il punto *P* passano due rette parallele invece che una, dove la somma degli angoli interni di un triangolo non fa 180°, dove le rette non sono dritte, dove succedono un sacco di cose alle quali non siamo abituati, ma non per questo sbagliate. Immaginate la reazione del mondo matematico: uno degli stessi fondatori della nuova geometria all'inizio parlò di geometria immaginaria, come a dire che si stava parlando di una geometria *possibile*, ma non di quella che rappresentava la realtà.

---

(3) Geometria iperbolica: il modello di Poincaré.

Sostegno: cerchio euclideo Γ di centro O e raggio R.

Punto: punto euclideo interno a Γ.

Retta: diametro di Γ o arco di cerchio ortogonale a Γ, interno a Γ, con estremi (esclusi) su Γ.

In questo modello valgono gli assiomi euclidei ad eccezione del V postulato, che viene sostituito dal seguente

Assioma di Lobacevskij
Dati in un piano una retta e un punto esterno a essa, per il punto passano almeno due rette che non incontrano la retta data.

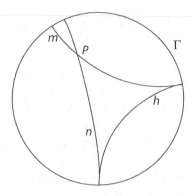

Fig. 15.2. Rette parallele nel modello di Poincaré

> Con riferimento al punto *P* e alla retta *h* in Fig. 15.2, le rette *m* e *n* sono parallele ad *h*.

Ma quale realtà? Forse quella accettata da tutti come tale prima dell'arrivo di un certo Albert Einstein. Dopo di lui, la teoria della relatività cambiò il modo di vedere l'universo e, in particolare, cambiò la sua forma. E indovinate quale geometria diventò più adatta a rappresentare la realtà?

Didattica della matematica

Alcuni matematici decidono di dedicare il loro lavoro e le loro energie alla Didattica della matematica, cioè ad analizzare ed elaborare metodi di insegnamento sempre più efficaci e adatti agli alunni, e soprattutto a renderne partecipi altri matematici, per confrontarsi e far mettere in pratica i nuovi metodi. Insegnare a insegnare, per intenderci.

Mai come in questi anni c'è un'attenzione particolare nella ricerca in Didattica della matematica: vuoi perché è una materia da molti definita difficile (da alcuni addirittura definita impossibile), vuoi perché si sente l'esigenza di elaborare e utilizzare nuovi metodi che mettano al centro il discente e non più il docente, come spesso è accaduto in passato.

(1) Una scuola di pensiero, che a dire il vero si sta cercando (con molta difficoltà) di superare, vede al centro dell'attività di-

dattica l'insegnante, figura indiscutibile che fornisce agli allievi regole e formule da prendere come verità assolute e da applicare negli esercizi assegnati in modo meccanico. Metodo che ha la sua efficacia, e che talvolta è inevitabile, quando l'allievo non ha ancora raggiunto una certa capacità di astrazione, ma che lascia poco spazio alla creatività e all'individualità degli allievi, e spesso è causa di frustrazione a fronte di una mancata comprensione dei concetti trattati.

(1) Oggi introduciamo le equazioni di II grado, cioè le equazioni del tipo $ax^2 + bx + c = 0, a, b, c, x \in \mathbb{R}, a \neq 0$.
Le soluzioni sono

$$x_{1,2} = \frac{-b \pm \sqrt{\Delta}}{2a}, \quad \Delta = b^2 - 4ac.$$

Quindi, se $\Delta > 0$ l'insieme S delle soluzioni è $S = \{\frac{-b-\sqrt{\Delta}}{2a}, \frac{-b+\sqrt{\Delta}}{2a}\}$,

se $\quad \Delta = 0$ si ha $S = \{\frac{-b}{2a}\}$,

se $\quad \Delta < 0$ si ha $S = \emptyset$.

Casi particolari:

se $\quad b = 0, c \neq 0$ e $-c/a > 0$, allora $S = \{-\sqrt{-c/a}, \sqrt{-c/a}\}$,

se $\quad b = 0$ e $c \neq 0$ e $-c/a < 0$, allora $S = \emptyset$,

se $\quad b \neq 0$ e $c = 0$, allora $S = \{0, -b/a\}$,

se $\quad b = 0$ e $c = 0$, allora $S = \{0\}$.

Questo atteggiamento non è da biasimare, il poco tempo a disposizione a fronte di secoli di risultati e scoperte induce a fornire risultati già pronti e sintetizzati, rinunciando all'analisi del percorso fatto per raggiungerli. Ma le nuove esigenze dei ragazzi e soprattutto le difficoltà incontrate nel corso degli anni induce a pensare che è necessario sondare altri approcci.

(2) Per esempio, partire da situazione concreta, che si possano "toccare con mano" e sulle quali si può ragionare, per poi arrivare, per gradi e con le proprie forze, a una formulazione astratta di quei risultati che prima erano forniti in modo asettico e privi di qualsiasi interesse. Il docente è chiamato a guidare l'allievo in questa scoperta, non soffocando ma ascoltando e valorizzando le idee e i tentativi di soluzione.

(2) Ragazzi, consideriamo il seguente problema: trovare il lato di un terreno a forma di quadrato sapendo che la sua area è $900\,\mathrm{m}^2$. Chi mi sa dire quanto è lungo il lato? Bravi, è lungo 30 m. Ora formalizziamo il nostro ragionamento in termini algebrici: qual è l'incognita del problema? Esatto, chiamiamo x il lato del quadrato e quindi $x^2 = 900$. Come calcolo x? Estraendo la radice quadrata di 900. Ora guardiamo soltanto l'equazione, dimenticando il problema di partenza. 30 è l'unica soluzione possibile? No, anche $x = -30$ risolve l'equazione!

Ora consideriamo di nuovo il terreno. Voglio costruire una casa di pianta quadrata adiacente a due lati del terreno, lasciando un margine di 20 m su ognuno dei due lati per il giardino. Formalizziamo il problema...

Questo tipo di problema riguarda principalmente l'istruzione primaria e secondaria, mentre rimane a sé stante l'insegnamento della matematica all'università.

(3) Un po' brutalmente, possiamo dire che all'università cessa l'esigenza di dover interessare a tutti i costi l'allievo, che si presuppone già interessato, essendosi iscritto a tale corso di laurea. Si comincia quindi a fare sul serio, mettendo al primo posto il rigore, e senza cercare scorciatoie (come si fa in questo libro...). Il risultato è che o si abbandona il corso di laurea, o si diventa matematici, per sempre.

(3) **Teorema** Sia $p_n(x) = a_n x^n + a_{n-1} x^{n-1} + \ldots + a_1 x + a_0$ un polinomio a coefficienti in $\mathbb{C}$. Allora l'equazione $p_n(x) = 0$ ammette esattamente n soluzioni in $\mathbb{C}$.

Divulgazione della matematica

La matematica, come tutte le scienze, va divulgata, sebbene sia molto difficile farlo. In genere le opere di divulgazione della matematica sono ristrette a problemi semplici, che richiedono solamente nozioni di base per essere spiegati. Spesso sono problemi che riguardano i numeri (0, π, ∞, successione di Fibonacci, ultimo teorema di Fermat, ecc.) o sono problemi geometrici risalenti all'antica Grecia (rapporto aureo, spirale, poliedri regolari, ecc.). Oppure semplicemente sono biografie di grandi matematici, spesso poco stabili mentalmente. Questi testi hanno il pregio di stimolare la curiosità, ma anche il difetto di lasciare l'"Alta matematica" nella nebbia più impenetrabile, e rafforzare così l'idea che la matematica "è la scienza che studia i numeri". Il compito sarebbe meno arduo se alcune nozioni di base (funzione, equazione differenziale, calcolo differenziale, gruppo) fossero di dominio pubblico. Purtroppo in Italia essere colti vuol dire conoscere poesie e romanzi, e i sedicenti intellettuali *si vantano* di non sapere nulla di matematica.

Un libro che consiglio di leggere, è "Chiamalo *x*!", nel quale si parla in modo semplice di "Alta matematica". Il libro ha il pregio di far finalmente capire a quale livello di astrazione vive e ragiona il matematico. Ha però il difetto di far credere che tutta la matematica sia racchiusa nei quindici capitoli del libro. L'autore nasconde di essere stato incapace di tradurre in parole semplici tanti altri concetti con cui i matematici hanno a che fare ogni giorno.

Interessanti i collegamenti tra i diversi capitoli. Anche il lettore meno attento si accorgerà che la divisione tra le varie branche della matematica non è affatto netta. Le equazioni differenziali, per esempio, rientrano in quasi tutti i capitoli trattati, così come le *leggi* e gli spazi a più dimensioni. I matematici non si differenziano tanto per gli oggetti con i quali lavorano, quanto piuttosto per l'obiettivo delle loro ricerche: chi vuole trovare l'equazione differenziale associata a un certo problema, chi ne vuole dimostrare la risolvibilità, chi la vuole risolvere, chi la vuole generalizzare a spazi di dimensione qualsiasi, chi la vuole usare per crittografare, chi gli vuole aggiungere un parametro da ottimizzare, e così via.

Rimarchevole il paragrafo dedicato alla divulgazione della matematica, in cui l'autore si diletta con paradossali autocitazioni, che dimostrano come i matematici siano di fatto bambini mai cresciuti.

Appendice A

I matematici a congresso

I matematici si riuniscono in congressi. Lo fanno in media due o tre volte l'anno, spesso d'estate o comunque lontano dagli impegni didattici. Raramente si va a un congresso se non si deve presentare un proprio lavoro, di conseguenza oratori e uditori sono normalmente le stesse persone. L'utilità dei congressi non è immediatamente evidente ma esiste: essi sono fondamentali per confrontarsi, esplorare nuove strade di ricerca e rimanere aggiornati sulle nuove scoperte. Prima dello sviluppo di Internet, essi erano utili per ottenere articoli scientifici in tempo reale direttamente dagli autori.

La maggior parte delle presentazioni dura tra i venticinque e i quarantacinque minuti e, come per la matematica scritta, tutto è strutturato secondo lo stesso schema: si inizia con una breve introduzione del problema e delle notazioni matematiche usate, si continua con il risultato principale (normalmente questa parte viene compresa bene solo dal 20% degli astanti) e si termina riassumendo ciò che si è fatto e parlando degli sviluppi futuri.

Quattro sono i punti fondamentali:

1. Non si assiste mai a presentazioni autocelebrative. I propri risultati vengono presentati per quello che sono, senza ulteriori commenti.

2. Non sussiste il principio di autorità. Anche la presentazione del grande matematico viene vagliata e messa in discussione.

3. Al contrario del mondo dell'arte, in matematica non esiste la figura del "critico". Ogni matematico è allo stesso tempo autore

delle proprie ricerche e giudice delle ricerche altrui, e l'importanza di un lavoro si misura solo dal numero di matematici che useranno le scoperte in esso contenute come base di partenza per ulteriori scoperte.

4. L'applauso finale non lo si nega mai a nessuno. Dietro ogni presentazione c'è sempre uno sforzo che viene riconosciuto.

L'abbigliamento è sicuramente il punto debole del matematico. L'uomo è vestito con pantaloni di cotone lunghi o corti e una camicia chiara, a maniche corte, sciatta e fuori misura. Le scarpe sono dei vecchi mocassini. Le donne sono poche (troppo poche rispetto alle laureate), curate ma terribilmente fuori moda.

Mancano quasi completamente i fumatori, i chiacchieroni e i ritardatari. Molti si mantengono in forma, sono magri e sportivi (*mens sana in corpore sano*). Per contro, non mancano certo i tipi strani. I matematici sono in generale distaccati dalla società e dalle mode. Sono giocherelloni come bambini, intuitivi e riflessivi. Spesso li si sente parlare di spazi *BV* anche a cena, dopo otto ore di conferenza. La cosa risulta un po' indigesta se non si è presi dalla conversazione.

Un discorso a parte meritano i giovani, che ancora hanno difficoltà a capire l'importanza dei congressi. Non capendo quasi nulla dei seminari, non essendo in grado di avere contatti con i grandi professori, si riconoscono perché si danno alla macchia appena il loro professore gliene dà l'opportunità, cercando fantomatiche occasioni di divertimento insieme agli altri colleghi fuggitivi. Inutile dire che spesso queste occasioni di divertimento tardano a venire, considerato il grado di socialità medio dei matematici.

Proprio a causa della scarsa socialità, qualche volta i congressi vengono organizzati in luoghi da cui è impossibile scappare, quali monasteri immersi nella foresta o alberghi di montagna alla *Shining*. Il tutto accompagnato da un ristorante con posti a sedere prefissati e variabili da sera a sera. Lo scopo dell'organizzatore è chiaro: far parlare tra loro i partecipanti.

Il risultato è talvolta produttivo ed è una conseguenza di due caratteristiche del cervello umano ben note agli uomini di scienza:

1. Si è sicuri di aver capito una cosa, ma in realtà la si capisce fino in fondo solo quando la si spiega a un'altra persona.

2. Si pensa alla soluzione di un problema per cinque ore di seguito senza trovarla, e poi la si trova all'improvviso nel momento in cui ci si distrae per parlare d'altro.

Infine vorrei spezzare una lancia in favore dell'organizzazione dei congressi nei "paradisi delle vacanze" quali alberghi da sogno sul mare, castelli fiabeschi in montagna, navi da crociera, ecc. Poiché i congressi sono solitamente internazionali, essi hanno anche lo scopo di mostrare ai partecipanti venuti da ogni parte del mondo le bellezze locali, nella speranza di farli tornare successivamente con famiglia al seguito (se non l'hanno addirittura già fatto in occasione del congresso stesso!). I congressi quindi hanno un notevole impatto sul turismo che sarebbe sbagliato sottovalutare. Inoltre non sono mai troppo costosi per il contribuente, considerando che anche un albergo a quattro stelle ha un prezzo accessibile se interamente prenotato da un gruppo di almeno cento persone.

Appendice B

Le barzellette dei matematici

Le barzellette dei matematici si dividono in tre categorie. La prima è quella *comparativa* e comprende tutte le barzellette che iniziano con "C'è un matematico, un fisico e un ingegnere…". Sono centinaia e potrebbero essere l'oggetto di un intero libro. Ne riporterò una sola, particolarmente famosa e significativa.

A un matematico e a un ingegnere viene chiesto come si prepara la pasta. Entrambi rispondono correttamente elencando il procedimento nel dettaglio. Si riempie una pentola d'acqua, la si porta a ebollizione, si mette il sale, si butta la pasta, si scola la pasta. Dopodiché viene loro riformulata la domanda, nel caso in cui abbiano già a disposizione la pentola piena d'acqua. La risposta dell'ingegnere è: "La si porta a ebollizione, si mette il sale, si butta la pasta, si scola la pasta". La risposta del matematico è: "Svuoto la pentola e mi riporto al problema precedente".

Il matematico, privo del benché minimo senso pratico, non si sente chiamato a dare la risposta più sensata, ma a dare invece la risposta (giusta) più breve e più elegante. Avendo già risolto il primo problema che gli è stato posto, risolve il secondo problema riconducendolo al primo e poco importa se nessuno preparerebbe mai la pasta così!

La seconda categoria è quella delle barzellette per "addetti ai lavori", cioè inventate da matematici per i matematici. La più famosa è senz'altro la seguente:

A una festa, le funzioni $\sin x$, $\sqrt{x+1} + x^3$ e $\frac{1}{\ln x}$ stanno ballando e facendo amicizia. Vedendo e^x seduta in disparte tutta sola, la invitano tra loro.

sin x: "Vieni, integrati con noi!"

e^x: "No... grazie... tanto è uguale..."

Divertente vero? Ma come, non l'avete capita? Ve la spiego. La barzelletta fa ridere a causa del doppio significato della parola "integrare". In matematica, "integrare" una funzione vuol dire trovarne un'altra che sia legata alla prima attraverso certe proprietà. La funzione e^x è l'unica funzione che – se integrata – rimane e^x stessa, da cui il "tanto è uguale".

La terza categoria non è costituita da vere e proprie barzellette, ma piuttosto da quella serie infinita di vignette che i matematici e gli scienziati in generale amano mettere sulla porta dei loro uffici.
Una volta ho letto un cartello che recitava: "Voi che passate per questa porta... ATTENZIONE! La sua larghezza L è di 92,5 cm, il suo spessore e è di 3,8 cm, la sua altezza h è di 202,5 cm. È dunque chiaro che il numero

$$k = \frac{L}{e} 10^{\frac{h}{2\pi}}$$

la rappresenta completamente, o in unità CGS, $k = 3,8 \times 10^{33}$, che è esattamente la luminosità solare espressa nella medesima unità. QUESTA PORTA È DUNQUE LA PORTA DEL SOLE, noi congetturiamo un legame spazio-temporale tra i due corpi".
Queste "chicche" mostrano più di ogni altra cosa ciò che fa ridere un matematico. *L'astrazione che diventa surrealismo.*

– Ehi!, da quella stanza è appena uscita una persona... ma ero sicuro che fosse vuota!

– Beh, allora se ora entra un'altra persona la stanza sarà vuota[1].

---

[1] −1 persona +1 persona = 0 persone. È matematico.

i blu

noveper**nove**
Segreti e strategie di gioco
D. Munari

Il ronzio delle api
J. Tautz

Perché Nobel?
M. Abate (a cura di)

Alla ricerca della via più breve
P. Gritzmann, R. Brandenberg

Gli anni della Luna
1950-1972: l'epoca d'oro della corsa allo spazio
P. Magionami

Chiamalo x!
ovvero **Cosa fanno i matematici?**
E. Cristiani

Di prossima pubblicazione

L'astro narrante
La luna nella scienza e nella letteratura italiana
P. Greco

Il fascino oscuro dell'inflazione
Alla scoperta della storia dell'Universo
P. Fré

Pietro Greco

L'astro narrante
La luna nella scienza e nella letteratura italiana

Pietro Greco

L'astro narrante
La luna nella scienza
e nella letteratura italiana

*i*blu

🐦 Springer

Nel 1609, quattrocento anni fa, Galileo Galilei punta il cannocchiale sulla luna e inaugura la "nuova scienza". Nel 1969, quarant'anni fa, Neil Armstrong lascia la sua impronta sulla luna e inaugura l'era della colonizzazione umana dello spazio.

La luna è l'oggetto cosmico più vicino alla Terra. Il suo satellite naturale. La sua compagna fedele. L'astro narrante. La luna ci parla dell'universo fuori dalla Terra. Che, con Galileo, è diventato un universo conoscibile. E, con Armstrong, è diventato un universo fisicamente esplorabile. Ma la luna è da sempre, per l'uomo – per tutti gli uomini – l'astro narrante. L'astro che racconta del cosmo e della sua armonia. Del tempo e della sua regolarità. Dello spazio e della sua profondità. La luna è l'astro dove, da sempre, scienza e immaginazione si incontrano. La luna è l'astro che forse più di ogni altro ha ispirato la grande letteratura italiana e – da Dante a Galileo, da Ariosto a Bruno, da Leopardi a Calvino – le ha consentito di coltivare la sua "vocazione profonda": costruire, attraverso la filosofia naturale, "mappe del mondo" sempre più precise. Senza mai perdere, con la cura dei dettagli, l'insieme.

Pietro Fré

Il fascino oscuro dell'inflazione
Alla scoperta della storia dell'Universo

Dalla più remota antichità l'uomo si interroga sulla struttura dell'Universo e indaga sulle leggi che lo governano. Ma il progresso compiuto all'inizio del XX secolo non ha paragoni rispetto a quello di tutti i secoli precedenti: nel 1915 venne formulata la relatività generale, teoria indispensabile per comprendere la struttura dell'Universo e inquadrare i fenomeni cosmici; tra il 1920 e il 1930 fu scoperta l'espansione costante dell'Universo e si iniziò a determinarne le reali dimensioni. La cosmologia ha poi fatto un grande salto di qualità a cavallo tra il XX e il XXI secolo. L'Universo inflazionario è una teoria che forse rivela i misteri delle leggi fisiche a piccolissime distanze e ad altissime energie, laddove dovrebbe trovarsi il regno delle superstringhe e della gravità quantistica.

In questo libro viene ripercorsa la grande avventura del pensiero umano, che dalla concezione aristotelica di un mondo statico eterno e in realtà piccolissimo, è approdato alla contemporanea visione di un cosmo dinamico e immenso, germogliato però da una infinitesima fluttuazione quantistica.

ISBN 978-88-470-1090-1

€ 16,00

Finito di stampare nel mese di febbraio 2009

Printed in the United States
By Bookmasters